21 世纪高等教育计算机技术规划教材

21 ShiJi GaoDeng JiaoYu JiSuanJi JiShu GuiHua JiaoCai

信息技术基础

Information Technology Infrastructure

卢昕　黄子君　主编

吴瑜鹏　副主编

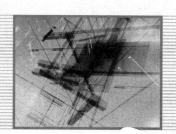

人民邮电出版社

北　京

图书在版编目（CIP）数据

信息技术基础 / 卢昕，黄子君主编. -- 北京：人
民邮电出版社，2014.9
21世纪高等教育计算机技术规划教材
ISBN 978-7-115-36054-0

Ⅰ．①信… Ⅱ．①卢… ②黄… Ⅲ．①电子计算机－
高等学校－教材 Ⅳ．①TP3

中国版本图书馆CIP数据核字(2014)第139705号

内　容　提　要

本书主要介绍信息技术的基础知识和应用，包括 Internet 的使用，计算机基础知识，Windows 7 操作系统、文字处理软件 Word 2010、电子表格制作软件 Excel 2010 和演示文稿制作软件 PowerPoint 2010 的使用。

本书适合作为高等院校非计算机专业的"信息技术基础"课程的教材，也可作为计算机爱好者的学习辅助教材。

◆ 主　　编　卢　昕　黄子君

　　副 主 编　吴瑜鹏

　　责任编辑　王　平

　　责任印制　杨林杰

◆ 人民邮电出版社出版发行　　北京市丰台区成寿寺路 11 号

　　邮编　100164　　电子邮件　315@ptpress.com.cn

　　网址　http://www.ptpress.com.cn

　　北京圣夫亚美印刷有限公司印刷

◆ 开本：787×1092　1/16

　　印张：16.5　　　　　　　2014 年 9 月第 1 版

　　字数：423 千字　　　　　2014 年 9 月北京第 1 次印刷

定价：38.00 元

读者服务热线：(010)81055256　印装质量热线：(010)81055316
反盗版热线：(010)81055315

前 言 PREFACE

"信息技术基础"是高等院校非计算机专业的公共必修课程，是学习其他计算机相关技术课程的前导和基础课程。本书编写的宗旨是使读者较全面、系统地了解计算机基础知识，具备计算机实际应用能力，并能在各自的专业领域自如地应用计算机进行学习与研究。

本书是根据教育部考试中心指定的《全国计算机等级考试一级 MS Office 考试大纲（2013年版）》和《全国计算机等级考试二级 MS Office 高级应用考试大纲（2013年版）》中对计算机基础知识、计算机操作系统的操作、计算机网络的操作和 MS Office 操作的要求编写的。全书分为9章：第1章介绍计算机网络知识；第2章介绍计算机的基础知识；第3章介绍计算机硬件、软件系统及 Windows 7 操作系统；第4章、第5章介绍 Word 2010 的应用；第6章、第7章介绍 Excel 2010 的应用；第8章、第9章介绍 PowerPoint 2010 的应用。其中，第5章、第7章和第9章主要根据《全国计算机等级考试二级 MS Office 高级应用考试大纲（2013年版）》进行编写，为学生参加全国计算机二级考试做好充足的准备。

通过9个章节的学习，学生可以具有以下计算机应用的基本技能、操作能力和职业能力：能自如地畅游互联网，进行信息查询和文件上传、下载等操作；能使用 Windows 7 管理与维护计算机的资源；能使用办公自动化软件进行文档、表格和演示文稿的基本编辑操作和高级操作，提高办公效率。

参加本书编写的作者均是多年从事一线教学的教师，具有较为丰富的教学经验。在编写时，注重原理与实践紧密结合，注重实用性和可操作性。本书由卢昕、黄子君任主编，吴瑜鹏任副主编。本书的第1章、第3章由黄子君编写，第2章由吴瑜鹏编写，第4章～第9章由卢昕编写。编写得到了数计系各位领导及计算机教研室全体教师的大力帮助，在此表示衷心的感谢。

由于编者水平有限，书中难免有疏漏之处，恳请广大读者提出宝贵意见。

编　者
2014年4月

目 录 CONTENTS

第7章 Excel 2010 高级应用　193

第8章 PowerPoint 2010 基本应用　211

第9章 PowerPoint 2010 高级应用 244

参考文献 255

PART 1

第1章
计算机网络

本章学习要点：

- 因特网网络服务的基本概念及原理。
- IE 的使用和电子邮件的使用。
- 计算机网络的基本概念

自 1998 年以来，中国互联网络信息中心形成了于每年 1 月和 7 月定期发布《中国互联网络发展状况统计报告》的惯例。

第 33 次统计报告延续了以往的内容模式和风格，对我国网民规模、结构特征、接入方式和网络应用等情况进行了连续的调查研究，以下列出报告中的部分内容。

- 基础数据

◇ 截至 2013 年 12 月，中国网民规模达 6.18 亿，全年共计新增网民 5 358 万人。互联网普及率为 45.8%，较 2012 年底提升 3.7 个百分点。

◇ 截至 2013 年 12 月，中国手机网民规模达 5 亿，较 2012 年底增加 8 009 万人，网民中使用手机上网的人群占比提升至 81.0%。

◇ 截至 2013 年 12 月，我国网民中农村人口的占比为 28.6%，规模达 1.77 亿，相比 2012年增长 2101 万人。

◇ 中国网民中通过台式计算机上网和笔记本计算机上网的比例分别为 69.7% 和 44.1%，相比 2012 年均有所下降，下降比例分别为 0.8 个百分点和 1.8 个百分点。手机上网比例保持较快增长，从 74.5% 上升至 81.0%，提升 6.5 个百分点。

◇ 我国域名总数为 1 844 万个，其中.CN 域名总数较去年同期增长 44.2%，达到 1 083万，在中国域名总数中占比达 58.7%。截至 2013 年 12 月，中国网站总数为 320 万，全年增长52 万个，增长率为 19.4%。

◇ 截至 2013 年 12 月，全国企业使用计算机办公的比例为 93.1%，使用互联网的比例为83.2%，固定宽带使用率为 79.6%。同时，开展在线销售、在线采购的比例分别为 23.5% 和 26.8%，利用互联网开展营销推广活动的比例为 20.9%。

● 趋势与特点

中国网民规模增长空间有限，手机上网依然是网民规模增长的主要动力。截至 2013 年 12 月，我国网民规模达 6.18 亿，全年共计新增网民 5 358 万人。互联网普及率为 45.8%，较 2012 年底提升了 3.7 个百分点，普及率增长幅度与 2012 年情况基本一致，整体网民规模增速持续放缓。与此同时，手机网民继续保持良好的增长态势，规模达到 5 亿，年增长率为 19.1%，手机继续保持第一大上网终端的地位。而新网民较高的手机上网比例也说明了手机在网民增长中的促进作用。2013 年中国新增网民中使用手机上网的比例高达 73.3%，远高于使用其他设备上网的网民比例，手机依然是中国网民增长的主要驱动力。

1.1 Internet 的基本概念及应用

互联网在现实生活中的应用很广泛，通过互联网可以聊天、玩游戏、查阅资料、广告、宣传购物等。互联网给现实生活带来很大的方便。网民在互联网的数字知识库中寻找自己学业上、事业上所需的资料，从而方便自己的工作与学习。

1.1.1 Internet 的基本概念

1．Internet 的历史

Internet 是全世界最大的计算机网络，它起源于美国国防部高级研究计划局（ARPA，现在称作 DARP）于 1968 年主持研制的用于支持军事研究的计算机实验网 ARPANET。ARPANET 建网的初衷旨在帮助那些为美国军方工作的研究人员通过计算机交换信息，它的设计与实现是基于这样的一种主导思想，即网络要能够经得住故障的考验而维持正常工作，当网络的一部分因受攻击而失去作用时，网络的其他部分仍能维持正常通信。

1985 年在美国政府的帮助下，美国国家科学基金（NSF）组建了计算机网络，并将其命名为 NSFnet，伴着 TCP/IP 的不断完善，1986 年，NSFnet 取代 ARPANET 成为真正意义上早期因特网的主干网。1991 年由于数据业务量大增，骨干网上的负荷过大，迫使 NSFnet 的骨干网升级为 45Mbit/s 的链路。一直到 20 世纪 90 年代早期，NSFnet 还仅供研究和教育之用，政府部门的骨干网保留下来用于面向具体的任务。由于不同部门之间需要联网进行信息交流，于是出现了许多 Internet 业务提供商（ISP），如 Sprint、MCI、BBN 等，将不同的部门通过网络节点进行连接。为了简化复杂程度剧增的网络，NSFnet 网络的核心网络逐步转移到 ISP 的网络结构中，NSFnet 网络就演变成为现代的 Internet——当今世界最大的计算机互联网，而 NSFnet 在 1995 年 4 月停用。

Internet 的网络互连是多种多样、复杂多变的，其结构是开放的，并且易于扩展。典型 Internet 是开放性的结构，它将 ISP（Internet 业务提供商）、ICP（Internet 内容提供商）、IDC（Internet 数据中心）等用户连接起来，这种连接是通过电信网络作为承载网络连接起来的，因此，因特网已离不开电信网络而独立存在。

总而言之，Internet 是由众多的计算机网络互连组成，主要采用 TCP/IP 协议组，采用分组交换技术，由众多路由器通过电信传输网连接而成的一个世界性范围的信息资源网。

2．TCP/IP 协议

TCP/IP（Transmission Control Protocol/Internet Protocol）的中文名称为传输控制协议/因特网互连协议，又名网络通信协议，是 Internet 最基本的协议。Internet 的基础由网络层的

IP 和传输层的 TCP 组成。TCP/IP 协议组定义了电子设备如何连入 Internet，以及数据如何在它们之间传输的标准。通俗而言：TCP 负责发现传输的问题，一旦有问题就发出信号，要求重新传输，直到所有数据安全正确地传输到目的地。而 IPf 负责给 Internet 的每一台计算机规定一个 IP 地址。

TCP/IP 不是 TCP 和 IP 这两个协议的合称，而是指 Internet 整个 TCP/IP 协议组。从协议分层模型方面来讲，TCP/IP 由 4 个层次组成，由低层到高层分别是网络接口层、网络层、传输层和应用层，每一层都使用它的下一层所提供的服务来完成自己的需求。

IPv4 是互联网协议的第四版，也是第一个被广泛使用的协议版本，是构成现今互联网技术基石的协议。1981 年，Jon Postel 在 RFC791 中定义了 IP。IPv4 可以运行在各种各样的底层网络上，如端对端的串行数据链路（PPP 和 SLIP）、卫星链路等。

IPv6 是（Internet Protocol Version 6）互联网协议的第六版。IPv6 是互联网工程任务组（Internet Engineering Task Force，IETF）设计的用于替代现行版本 IP（IPv4）的新一代 IP。

传统的 TCP/IP 基于 IPv4，属于第二代互联网技术，核心技术属于美国。它的最大问题是网络地址资源有限，从理论上讲，编址 1 600 万个网络、40 亿台主机。但采用 A、B、C3 类编址方式后，可用的网络地址和主机地址的数目大打折扣，所以导致 IP 地址已经出现资源枯竭的危机。在传统的 IP 地址中，北美占有 3/4，约 30 亿个，而人口最多的亚洲只有不到 4 亿个，中国截至 2010 年 6 月，IPv4 地址数量达到 2.5 亿，远远落后于 4.2 亿网民的需求。虽然用动态 IP 地址及 NAT 地址转换等技术实现了一些缓冲，但 IPv4 地址枯竭已经成为不争的事实。为此，专家提出 IPv6 的互联网技术，也正在推行，但从 IPv4 到 IPv6 的全面使用需要很长的一段过渡期。中国目前主要使用 IPv4，在 Windows 7 操作系统中已经有了 IPv6 的协议。

3．C/S 与 B/S

C/S（client/server）即客户机/服务器结构，是大家熟知的软件系统体系结构，通过将任务合理分配到 client 端和 server 端，降低了系统的通信开销并可以充分利用两端硬件环境的优势。早期的网络软件系统多以此作为首选设计标准。

B/S（browser/server）即浏览器/服务器结构，是随着 Internet 技术的兴起，对 C/S 结构的一种变化或者改进的结构。在这种结构下，用户界面完全通过 WWW 浏览器实现，结合浏览器的多种 Script 语言（VBScript、JavaScript 等）和 ActiveX 技术，一部分事务逻辑在前端实现，但是主要事务逻辑在服务器端实现。B/S 结构使用通用浏览器实现了原来需要复杂专用软件才能实现的强大功能，并节约了开发成本，是一种全新的软件系统构造技术。随着 Windows 98/Windows 2000 将浏览器技术植入操作系统内部，这种结构更成为当今网络应用软件的首选体系结构。

4．IP 地址

IP 是为计算机网络相互连接进行通信而设计的协议。在 Internet 中，它是能使连接到网络中的所有计算机实现相互通信的一套规则，规定了计算机在 Internet 上进行通信时应当遵守的规则。任何厂家生产的计算机系统，需要遵守 IP 来与 Internet 互连互通。正是因为有了 IP，Internet 才得以迅速发展成为世界上最大的、开放的计算机通信网络。因此，IP 也可以叫作"Internet 协议"。

IP 地址被用来给 Internet 上的计算机一个地址编号。大家日常见到的情况是每台联网的 PC（个人计算机）上都需要有 IP 地址。如果把"个人计算机"比作"一台电话"，那么"IP

地址"就相当于"电话号码",而 Internet 中的路由器,就相当于电信局的"程控式交换机"。

在 IPv4 中,地址是一个 32 位的二进制数,通常被分隔为 4 个"8 位二进制数"(即 4 字节)。IP 地址通常用"点分十进制"表示成"a.b.c.d"的形式,其中,a、b、c 和 d 都是 0~255 的十进制整数。例如,十进制数表示的 IP 地址"100.4.5.6",实际等价于 32 位二进制数的 IP 地址"01100100.00000100.00000101.00000110"。

在 IPv6 中,地址是一个 128 位的二进制数。采用 128 位地址长度可以生成足够丰富的地址资源,并将完全删除在 IPv4 互联网应用上的很多限制。例如,每一个电话、每一个带电的东西均可以有一个 IP 地址,真正形成一个数字化家庭。IPv6 的技术优势,目前在一定程度上解决 IPv4 互联网存在的问题,这是 IPv4 向 IPv6 演进的重要动力之一。

5. 域名

网络中的地址方案分为两套:IP 地址系统和域名地址系统。这两套地址系统其实是一一对应的关系。IP 地址用二进制数来表示,在使用时难以记忆和书写,因此在 IP 地址的基础上发展出了一种符号化的地址方案。这个与网络上的数字型 IP 地址相对应的字符型地址被称为域名。

域名是与 IP 地址相对应的一串容易记忆的字符,由若干 a~z 的 26 个字母、0~9 的 10 个阿拉伯数字及"-"、"."等符号构成并按一定的层次和逻辑进行排列。也有一些国家在开发其他语言的域名,如中文域名。域名不仅便于记忆,而且即使在 IP 地址发生变化的情况下,也只需在网络后台改变解析对应关系,而域名仍可保持不变。企业、政府、非政府组织等机构或者个人在域名注册查询商那里注册的域名,就是互联网上企业或机构间相互联络的网络地址。

6. DNS 服务器

计算机域名系统(domain name system 或 domain name service,DNS)由解析器和域名服务器组成的。域名服务器保存该网络中所有主机的域名和对应的 IP 地址,并具有将域名转换为 IP 地址的功能。其中域名必须对应一个 IP 地址,而 IP 地址不一定有域名。域名系统采用类似目录树的等级结构。

将域名映射为 IP 地址的过程就称为"域名解析"。在 Internet 上,域名与 IP 地址之间是一对一(或者多对一)的,也可采用 DNS 实现一对多,域名虽然便于人们记忆,但互联网上的机器之间只识别 IP 地址,所以需要 DNS(域名解析)。当用户在应用程序中输入 DNS 域名时,DNS 服务可以将此名称解析为与之对应的 IP 地址。

7. 接入 Internet 的方式

(1)ADSL 接入。在通过本地环路提供数字服务的技术中,最有效的类型之一是数字用户线(digital subscriber line,DSL)技术,它是目前运用最广泛的铜线接入方式。ADSL 可直接利用现有的电话线路,通过 ADSL modem 进行数字信息传输,理论可达到 8Mbit/s 的下行速率和 1Mbit/s 的上行速率,传输距离可达 4~5km。ADSL 2+速率可达 24Mbit/s 下行和 1Mbit/s 上行。另外,最新的 VDSL 2 技术可以达到上下行各 100Mbit/s 的速率,它的特点是速率稳定、带宽独享等,适用于家庭,个人等用户的大多数网络应用需求,满足一些宽带业务,如 IPTV、视频点播(VOD)、远程教学、可视电话、多媒体检索、LAN 互连、Internet 接入等。

(2)ISP。互联网服务提供商(Internet Service Provider,ISP)即向广大用户综合提供互联网接入业务、信息业务和增值业务的电信运营商。ISP 是经国家主管部门批准的正式运营企业,受国家法律的保护。

（3）无线（WIFI）。WIFI（wireless fidelity）是当今使用最广的一种无线网络传输技术。实际上就是把有线网络信号转换成无线信号，以供支持其技术的相关计算机、手机、PDA 等设备连接使用。手机终端如果有 WIFI 功能的话，在有 WIFI 无线信号的位置就可以不通过移动、联通或电信的手机网络上网，节省了手机网络的流量费。此外，WIFI 信号也是由有线网络提供的，用户只需在有线网络中再连接一个无线路由器，就可以把有线信号转换成 WIFI 信号了。

8. WWW 简介

20 世纪 40 年代以来，人们就梦想能拥有一个世界性的信息库。这个数据库中的数据不仅能被全球的用户存取，而且能轻松地链接其他地方的信息，以便用户可以方便快捷地获得重要的信息。随着科学技术的迅猛发展，人们的这个梦想已经变成了现实。

WWW（World Wide Web）被称为"万维网"、"环球网"等，常简称为 Web，它以 Internet 为基础，允许用户在一台计算机通过 Internet 存取另一台计算机上的信息，包括文字、图形、声音、动画、资料库以及各种软件。WWW 可以让 Web 客户端（常用浏览器）访问、浏览 Web 服务器上的页面。WWW 提供丰富的文本、图形、音频、视频等多媒体信息，并将这些内容集合在一起，提供导航功能，使得用户可以方便地在各个页面之间浏览。由于 WWW 内容丰富，浏览方便，目前已经成为互联网最重要的服务。

9. Hypertext 和 Hyperlink

（1）Hypertext（超文本）。超文本是用超链接的方法，将各种不同空间的文字信息组织在一起的网状文本。超文本更是一种用户界面范式，用来显示文本及与文本之间相关的内容。超文本普遍以电子文档方式存在，其中的文字包含可以连接到其他位置或者文档的链接，允许从当前阅读位置直接切换到超文本链接所指向的位置。我们日常浏览的网页上的链接都属于超文本。

（2）Hyperlink（超链接）。在浏览网页时，某些文字的下方有下画线或图形有框线，将鼠标指针移至该区域，鼠标指针会变成手形，单击后，便会打开另一个网页。

超链接就是指从一个网页指向一个目标的连接关系，这个目标可以是另一个网页，也可以是相同网页上的不同位置，还可以是一个图片、一个电子邮件地址、一个文件，甚至是一个应用程序。各个网页链接在一起后，才能真正构成一个网站。

10. HTTP、FTP 和 URL

（1）HTTP。超文本传输协议（Hypertext Transfer Protocol，HTTP）详细规定了浏览器和 Web 服务器之间互相通信的规则，是一种通过 Internet 传送 Web 文档的数据传送协议。

超文本传输协议的前身是世外桃源（Xanadu）项目，超文本的概念是泰德·纳尔森（Ted Nelson）在 1960 年提出的。进入哈佛大学后，纳尔森一直致力于超文本协议和该项目的研究，但他从未公开发表过资料。1989 年，蒂姆·伯纳斯·李（Tim Berners Lee）在欧洲原子核研究委员会（European Organization for Nuclear Research，CERN）担任软件咨询师时，开发了一套程序，奠定了万维网的基础。1990 年 12 月，超文本在 CERN 首次上线。1991 年夏天，继 Telnet 等协议之后，超文本转移协议成为互联网诸多协议的一份子。

（2）FTP。FTP（文件传输协议）使得主机间可以共享文件。FTP 使用 TCP 生成一个虚拟连接用于控制信息，然后生成一个单独的 TCP 连接用于数据传输。FTP 客户机可以给服务器发出命令来下载和上传文件、创建或改变服务器上的目录。

FTP 是在 TCP/IP 网络和 Internet 上最早使用的协议之一。尽管 WWW 已经替代了 FTP 的大多数功能，FTP 仍然是通过 Internet 把文件从客户机复制到服务器上的一种有效途径。由于 FTP 的传输速度比较快，网站建设者在制作诸如"软件下载"这类网站时喜欢用 FTP 来实现，如果不需要身份认证，则可使用匿名 FTP 服务器。

（3）URL。统一资源定位符（uniform resource locator，URL）是对可以从互联网上获取资源的位置和访问方法的一种简洁表示，是互联网上标准资源的地址。互联网上的每个文件都有一个唯一的 URL，它包含的信息指出文件的位置以及浏览器应该怎么处理它。它最初是由蒂姆·伯纳斯·李发明用来作为万维网的地址的，现在它已经被万维网联盟制定为互联网标准文件（编号 RFC1738）。

统一资源定位符的语法是可扩展的，一个完整的 URL 地址由通信协议名、Web 服务器地址、文件在服务器中的路径、文件名 4 部分组成。

例如，http://www.jxie.edu.cn/sjx/Show.aspx?id=451，其中，http 表示超文本传输协议，www 表示万维网，www.jxie.edu.cn 是 Web 服务器地址，edu 是教育机构的域名，cn 表示中国的域名，/sjx/是文件在服务器中的路径，Show.aspx?id=451 是所打开网页的文件名。

1.1.2　浏览网页

1．浏览器

浏览器是指可以显示网页服务器或者计算机中的 HTML 文件内容，并让用户与这些文件交互的一种软件。网页浏览器主要通过 HTTP 与网页服务器交互并获取网页，这些网页由 URL 指定，文件格式通常为 HTML。一个网页中可以包括多个文档，每个文档都是分别从服务器端获取的。大部分的浏览器本身支持显示的内容包括 HTML 文件，JPEG、PNG、GIF 等图像文件，视频和音频文件等，并且能够支持扩展众多的插件，支持其他的 URL 类型及其相应的协议，如 FTP、Gopher、HTTPS（HTTP 的加密版本）等。

个人计算机上常见的网页浏览器包括 Microsoft 的 Internet Explorer（IE）、Mozilla 的 Firefox、Apple 的 Safari，以及 Opera、Google Chrome、GreenBrowser 浏览器、360 安全浏览器、搜狗高速浏览器、腾讯 TT、傲游浏览器、百度浏览器等。浏览器是最常使用的客户端程序。手机浏览器是运行在手机客户端的浏览器，可以通过"通用分组无线电业务"（GPRS）进行上网浏览操作。

2．IE 9

Internet Explorer 9 浏览器，简称 IE 9，该款浏览器由 Microsoft 公司 Windows 部门高级副总裁史蒂文·西诺夫斯基（Steven Sinofsky）在 2009 年 11 月 18 日于美国洛杉矶市举行的"专业开发者大会"（PDC）上宣布研发，2011 年 3 月 21 日，Microsoft 在中国发布 IE 9 的正式版本，支持 Windows Vista、Windows 7 和 Windows Server 2008，但不支持 Windows XP 操作系统。IE 9 的界面如图 1-1 所示。

在打开 IE 9 时，首先注意到的是浏览器紧凑的外观设计。

如图 1-2 所示，单击"工具"按钮 时，可以发现大多数命令栏功能，如"打印"和"缩放"。

单击"收藏夹"按钮 时，会在"收藏中心"显示收藏夹和历史记录。

用户可以始终显示收藏夹栏、命令栏、状态栏和菜单栏，方法是用鼠标右键单击"工具"按钮，然后在菜单中进行选择。

图 1-1　Internet Explorer 9 的界面

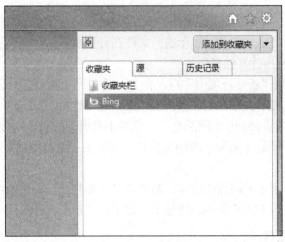

图 1-2　收藏中心

（1）在 IE 9 中更改选项卡的位置。选项卡自动出现在地址栏右侧，不过可以将它们移动到地址栏下面，就像在以前版本的 IE 中那样。

用鼠标右键单击"新建选项卡"按钮右侧的空白处，然后选中或清除"在单独一行上显示选项卡"。

（2）将站点锁定到任务栏。将经常访问的网站锁定到 Windows 7 桌面上的任务栏，可以很方便地访问这些网站。

将该网站的选项卡拖动到任务栏上，该网站的图标将出现在任务栏处。单击该图标时，该网站就会在 IE 9 中打开。

每当打开已锁定的网站时，该网站的图标会出现在浏览器的顶部，从而方便地访问被锁定的网站。"后退"和"前进"按钮也将改变颜色，以匹配图标的颜色。

（3）在地址栏中搜索。在 IE 9 中，可以直接从地址栏进行搜索。

如果在地址栏输入搜索项或不完整的地址，则会使用当前选择的搜索引擎启动搜索过程。单击地址栏，可从下拉列表中选择搜索引擎或"添加"新搜索引擎，如图 1-3 所示。

图 1-3　在地址栏中搜索

（4）使用 IE 9 中的下载管理器。单击"工具"按钮，然后单击"查看下载"。下载管理器可列出用户从 Internet 下载的文件，显示这些文件在计算机上的存储位置，并使用户能方便地暂停下载、打开文件和执行其他操作。

（5）在 IE 9 中使用"新建选项卡"页。在 IE 9 中打开新选项卡时，可以执行以下操作。

① 若要打开新选项卡，则将地址键入或粘贴到地址栏中。

② 若要转到最常访问的 10 个网站之一，则单击页面上的相应链接。

③ 要隐藏所用时间最多的网站的相关信息，则单击"隐藏网站"。要恢复这些信息，则单击"显示网站"。

④ 若要重新打开刚才关闭的选项卡，则单击"重新打开已关闭选项卡"。

⑤ 若要重新打开上次浏览会话的选项卡，则单击"重新打开最后一次会话"。

1.1.3　电子邮件

电子邮件（electronic mail，E-mail）也被昵称为"伊妹儿"，是一种用电子手段提供信息交换的通信方式，是互联网应用最广的服务。通过网络中的电子邮件系统（如 126 邮箱），用户基本以免费、快速的方式与世界上任何一个角落的网络用户进行联系。电子邮件的内容可以包括文字、图像、声音和视频等。用户也可以定期接收到大量免费的新闻、专题邮件。

1．电子邮件的发送和接收

电子邮件在 Internet 上发送和接收的原理可以很形象地用我们日常生活中的邮寄包裹来

形容：当要寄一个包裹时，首先要找到任何一个有这项业务的邮局，在填写完收件人姓名、地址等之后包裹就寄到了收件人所在地的邮局，对方必须到这个邮局才能将包裹取出。同样地，发送电子邮件时，电子邮件是由邮件发送服务器（任何一个都可以）发出，并根据收信人的地址判断对方的邮件接收服务器而将这封信发送到该服务器上，收信人要收取邮件也只能访问这个服务器才能完成。

2．电子邮件地址的构成

电子邮件地址的格式由 3 部分组成，格式为：用户标识符 @ 域名。

其中，第一部分"用户标识符（username）"代表用户信箱的账号，对于同一个邮件接收服务器来说，这个账号必须是唯一的；第二部分"@"是分隔符，读作 at；第三部分是用户信箱的邮件接收服务器的域名。

例如，ncnupc@126.com。

电子邮件服务由专门的服务器提供，Gmail、Hotmail、网易邮箱、新浪邮箱等邮箱服务也是建立在电子邮件服务器基础上，这些大型邮件服务商的系统一般是自主开发或是对其他平台的二次开发实现的。

3．电子邮件服务商选择

在选择电子邮件服务商之前,用户要明确使用电子邮件的目的，根据不同的目的有针对性地选择。

- 如果经常和国外的客户联系,建议使用国外的电子邮箱,如 Gmail、Hotmail、MSN mail、Yahoo mail 等。
- 如果想把邮箱当作网络硬盘使用，用于存放一些图片资料等，就应该选择存储量大的邮箱，如 Gmail、Yahoo mail、网易的 163 mail、126 mail、yeah mail、TOM mail、21cn mail 等。
- 如果有自己的计算机,那么最好选择支持 POP/SMTP 的邮箱,用户可以通过 Outlook、Foxmail 等邮件客户端软件将邮件下载到自己的硬盘上，并且可以删除网上邮箱中的邮件，这样就不用担心邮箱的容量不够用，同时还能避免他人窃取邮箱密码后查看用户的邮件。例如，使用 QQ 邮箱、网易 126 mail 等。
- 如果经常需要收发一些比较大的附件，Gmail、Yahoo mail、Hotmail、MSN mail、网易 163 mail、126 mail、Yeah mail 等都能很好地满足要求。
- 如果想在第一时间知道已收到新邮件，那么中国移动用户推荐使用"移动梦网随心邮"服务，当有新邮件到达时会有手机短信通知。中国联通用户可以选择"如意邮箱"服务。

4．电子邮件协议

常见的电子邮件协议有：SMTP（简单邮件传输协议）、POP3（邮局协议）、IMAP（Internet邮件访问协议）。这几种协议都是由 TCP/IP 协议组定义的。

SMTP（simple mail transfer protocol）主要负责底层的邮件系统将邮件从一台机器传至另外一台机器（发送邮件）。

POP（post office protocol）的常用版本号为 3。POP3 是把邮件从电子邮箱中传输到本地计算机的协议（接收邮件）。

IMAP（Internet message access protocol）的常用版本号为 4，是 POP3 的一种替代协议，提供了邮件检索和邮件处理的新功能，这样用户可以完全不必下载邮件正文就可以看到邮件的标题摘要，从邮件客户端软件就可以对服务器上的邮件和文件夹目录等进行操作。IMAP 增强了电子邮件的灵活性，减少了垃圾邮件对本地系统的直接危害，相对节省了用户查看电子邮件的时间。除此之外，IMAP 可以记忆用户在脱机状态下对邮件的操作（如移动邮件、删除邮件等），在下一次打开网络连接时会自动执行。

大多数流行的电子邮件客户端程序都集成了对 SSL 连接的支持。

5．Outlook 2010 的使用

（1）配置账户。

① 第一次启动 Outlook 会出现配置账户向导对话框，如图 1-4 所示，单击"下一步"按钮。

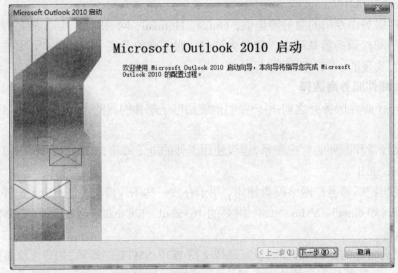

图 1-4　"Microsoft Outlook 2010 启动"对话框

② 打开"账户配置"对话框进行相应设置，如图 1-5 所示，单击"下一步"按钮。

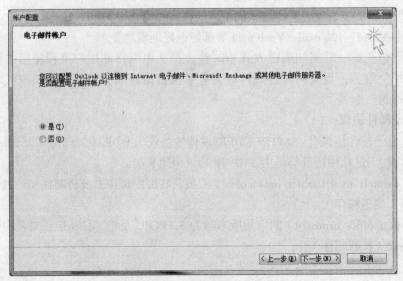

图 1-5　"账户配置"对话框

③ 打开"添加新账户"对话框，选择"电子邮件账户"单选按钮，输入新账户的相应信息，如图 1-6 所示，单击"下一步"按钮。

其中，选中"短信（SMS）"单选按钮，需要注册一个短信服务提供商，然后输入供应商地址、用户名和密码（注册短信服务提供商）。

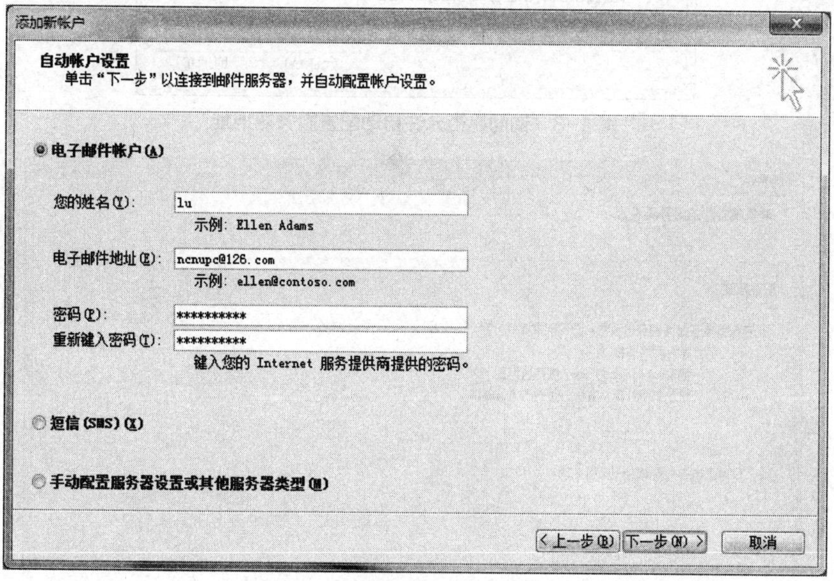

图 1-6 "添加新账户"对话框 1

此时对话框如图 1-6 所示，并弹出如图 1-7 所示的对话框询问是否允许自动配置服务器地址，单击"允许"按钮，如图 1-8 所示。

配置成功后，对话框如图 1-9 所示，单击"完成"按钮，完成新账户的配置工作。

在如图 1-9 所示的对话框中，如果选中"手动配置服务器设置"复选框，则打开如图 1-10 所示的对话框，用户可以查看或修改自动配置的服务器地址、用户信息和登录信息。

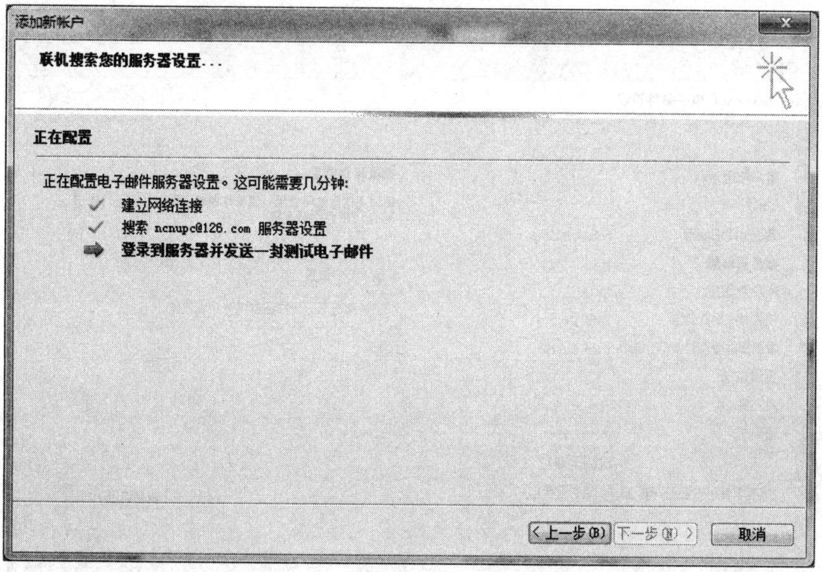

图 1-7 "添加新账户"对话框 2

图 1-8　询问是否允许自动配置服务器地址

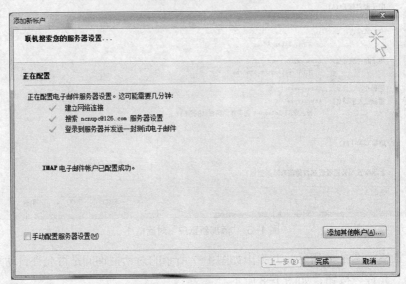

图 1-9　"添加新账户"对话框 3

　　在图 1-10 中自动配置的接收邮件服务器地址（imap.126.com）和发送邮件服务器地址（smtp.126.com）是由每个邮件服务器自行设置的，用户可以在各个邮件服务器的帮助网页中查找。

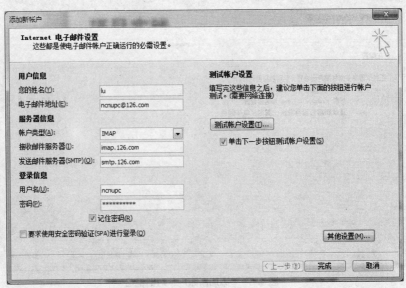

图 1-10　"添加新账户"对话框 4

基于 IMAP 的优势，目前接收邮件服务器地址都使用 IMAP 服务器代替过去的 POP3 服务器。

（2）查看邮件。邮件账户创建成功后，Outlook 自动接收该账户在服务器端的所有邮件，打开查看邮件界面，如图 1-11 所示。

图 1-11　查看邮件界面

在"发送/接收"选项卡中单击"发送/接收所有文件夹"按钮，可以发送或接收所有账户中的邮件，如图 1-12 所示。

图 1-12　"发送/接收"选项卡

（3）新建邮件。单击查看邮件界面中的"新建电子邮件"按钮，打开如图 1-13 所示的界面。

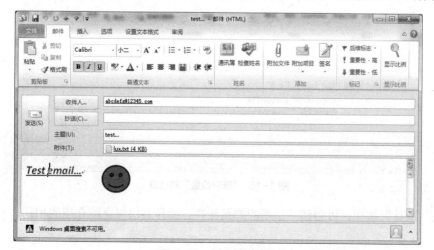

图 1-13　新建邮件界面

输入"收件人"邮箱地址、邮件"主题",编辑邮件内容,单击"邮件"选项卡的"添加"组中的"附加文件"按钮,可选择希望添加为附件的文件。

单击"发送"按钮,即可从创建的账户中将邮件发送给收件人的邮箱。

（4）设置账户信息。单击"文件"选项卡,如图 1-14 所示,在"信息"选项右侧窗格中的"账户设置"下拉列表中选择"账户设置"选项,打开如图 1-15 所示的对话框。

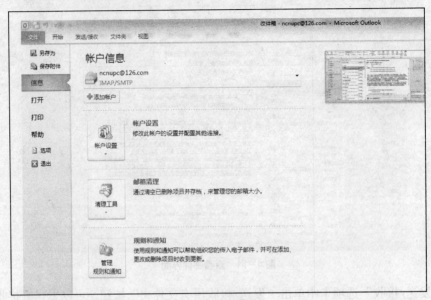

图 1-14 信息选项

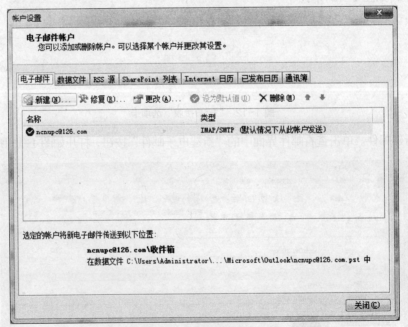

图 1-15 "账户设置"对话框

单击"新建"按钮,可创建一个新的邮箱账户,操作方法与之前介绍的相同。

1.1.4　预防 Internet 网络病毒

Internet 的发展和计算机病毒的传播从某种意义上来说是相辅相成的。随着 Internet 的飞速发展，上网用户数量急剧增加，在此提醒广大网友上网时注意提防 Internet 中的病毒。

在使用 Internet 时，一般在下述情况下会感染病毒。

（1）进行 WWW 浏览时，在某些不太可靠的站点下载并运行病毒文件。

（2）登录到 FTP 服务器，下载并运行病毒文件。

（3）收到电子邮件后，下载并运行携带病毒的附件，如带有宏病毒的 Word 文档。

针对以上情况，需要采取的措施有：不要随便在网站中下载文件；下载文件后应立即对其进行病毒检测；当接收到附件包含 Word 文档的电子邮件时，应立即使用能清除"宏病毒"的杀毒软件加以检测，或者使用 Word 打开文档后，不选择"启用宏"。

1.2　计算机网络

计算机网络是指将地理位置不同的具有独立功能的多台计算机及其外部设备，通过通信线路连接起来，在网络操作系统、网络管理软件及网络通信协议的管理和协调下，实现资源共享和信息传递的计算机系统。

中国计算机网络设备制造行业是改革开放后成长起来的，早期与世界先进水平存在巨大差距，但受益于计算机网络设备行业生产技术不断提高以及下游需求市场的不断扩大，我国计算机网络设备制造行业发展十分迅速。近两年，随着我国国民经济的快速发展以及国际金融危机的逐渐消退，计算机网络设备制造行业获得良好的发展机遇，中国已成为全球计算机网络设备制造行业的重点发展市场。

1.2.1　计算机网络的基本概念

关于计算机网络的最简单定义是：一些相互连接的、以共享资源为目的的、自治的计算机的集合。

另外，从逻辑功能上看，计算机网络是以传输信息为基础目的，用通信线路将多个计算机连接起来的计算机系统的集合，计算机网络的组成包括传输介质、通信设备和通信协议。

从用户角度看，计算机网络的定义为：存在一个能为用户自动管理的网络操作系统。由它调用完成用户所需的资源，而整个网络像一个大的计算机系统，对用户是透明的。

一个比较通用的定义是：利用通信线路将地理上分散的、具有独立功能的计算机系统和通信设备按不同的形式连接起来，以功能完善的网络软件及协议实现资源共享和信息传递的系统。

1.2.2　计算机网络的组成和分类

1. 发展阶段

第一阶段是远程终端联机阶段。

第二阶段是计算机网络阶段。

第三阶段是计算机网络互连阶段。

第四阶段是国际互联网与信息高速公路阶段。

Internet 的基础结构大致经历了 3 个阶段的演进，这 3 个阶段在时间上有部分重叠。

（1）从单个网络 ARPANET 向互联网发展。1968 年，美国国防部创建的第一个分组交换网

ARPANET 只是一个单个的分组交换网，所有想连接在它之上的主机都直接与就近的节点交换机相连，它规模增长很快，到 20 世纪 70 年代中期，人们认识到仅使用一个单独的网络无法满足所有的通信问题。于是 ARPANET 开始研究很多网络互连的技术，这就导致后来互联网的出现。1983 年，TCP/IP 成为 ARPANET 的标准协议。同年，ARPANET 分解成两个网络，一个是试验研究用的科研网 ARPANET，另一个是军用的计算机网络 MILNET。1990 年，ARPANET 因试验任务完成正式宣布关闭。

（2）建立三级结构的 Internet。从 1985 年起，美国国家科学基金会 NSF 就认识到计算机网络对科学研究的重要性，1986 年，NSF 围绕 6 个大型计算机中心建设计算机网络 NSFnet，它是个三级网络，分为主干网、地区网和校园网。它代替 ARPANET 成为 Internet 的主要部分。1991 年，NSF 和美国政府认识到 Internet 不会局限于大学和研究机构，于是支持地方网络的接入，许多公司的加入使网络的信息量急剧增加，美国政府就决定将 Internet 的主干网转交给私人公司经营，并开始对接入 Internet 的单位收费。

（3）多级结构 Internet 的形成。从 1993 年开始，美国政府资助的 NSFnet 逐渐被若干商用的 Internet 主干网替代，这种主干网也叫 Internet 服务提供商 ISP，考虑到 Internet 商用化后可能出现很多的 ISP，为了使不同 ISP 经营的网络能够互通，在 1994 年创建了 4 个网络接入点 NAP 分别由 4 个电信公司经营。21 世纪初，美国的 NAP 达到了十几个。NAP 是最高级的接入点，它主要是向不同的 ISP 提供交换设备，使它们相互通信。Internet 已经很难对其网络结构给出很精细的描述，但大致可分为 5 个接入级：网络接入点 NAP、多个公司经营的国家主干网、地区 ISP、本地 ISP、校园网、企业或家庭 PC 上网用户。

2．网络的分类

虽然网络类型的划分标准多种各样，但是从地理范围划分是一种大家都认可的通用网络划分标准。按这种标准可以把各种网络类型划分为局域网、城域网、广域网和无线网 4 种，如图 1-16 所示。不过在此要说明的一点就是，这里的网络划分并没有严格意义上地理范围的区分，只能是一个定性的概念。下面简要介绍这几种计算机网络。

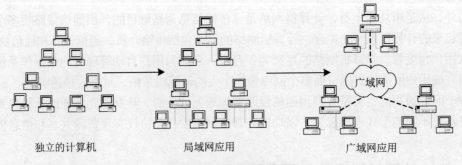

独立的计算机　　　　　局域网应用　　　　　广域网应用

图 1-16　计算机网络的分类

（1）局域网。局域网（Local Area Network，LAN）是最常见、应用最广的一种网络。局域网随着整个计算机网络技术的发展和提高得到充分的应用和普及，几乎每个单位都有自己的局域网，甚至家庭中都有自己的小型局域网。很明显，所谓局域网，就是在局部地区范围内的网络，它所覆盖的地区范围较小。局域网在计算机数量配置上没有太多的限制，少的可以只有两台，多的可达几百台。一般来说在企业局域网中，工作站的数量在几十到两百台左右。在网络所涉及的地理距离上，一般可以是几米至 10km。局域网一般位于一个建筑物或一个单位内，不存在寻径问题，不包括网络层的应用。

这种网络的特点就是：连接范围窄、用户数少、配置容易、连接速率高。目前局域网最快的速率是 10G 以太网。IEEE 的 802 标准委员会定义了多种主要的 LAN：以太网（ethernet）、令牌环网（token ring）、光纤分布式接口网络（FDDI）、异步传输模式网（ATM）以及最新的无线局域网（WLAN）。

（2）城域网。城域网（metropolitan area network, MAN）一般来说是在一个城市，但不在同一小区范围内的计算机互连。这种网络的连接距离可以在 10～100km，它采用的是 IEEE 802.6 标准。MAN 与 LAN 相比，扩展的距离更长，连接的计算机数量更多，在地理范围上可以说是 LAN 的延伸。在一个大型城市地区，一个 MAN 通常连接着很多 LAN，如政府机构的 LAN、医院的 LAN、电信的 LAN、公司企业的 LAN 等。光纤连接的引入，使 MAN 中高速 LAN 的互连成为可能。

城域网多采用 ATM 技术做骨干网。ATM 是一个用于数据、语音、视频以及多媒体应用程序的高速网络传输方法。ATM 包括一个接口和一个协议，该协议能够在一个常规的传输信道上，在比特率不变及变化的通信量之间进行切换。ATM 也包括硬件、软件以及与 ATM 协议标准一致的介质。ATM 提供一个可伸缩的主干基础设施，以便能够适应不同规模、速度以及寻址技术的网络。ATM 的最大缺点就是成本太高，所以一般在政府城域网中应用，如邮政、银行、医院等。

（3）广域网。广域网（wide area network，WAN）也称为远程网，所覆盖的范围比城域网（MAN）更广，它一般是将不同城市之间的 LAN 或者 MAN 网络互连，地理范围可从几百千米到几千千米。因为距离较远，信息衰减比较严重，所以这种网络一般要租用专线，通过 IMP（接口信息处理）协议和线路连接起来，构成网状结构，解决循径问题。这种城域网因为所连接的用户多，总出口带宽有限，所以用户的终端连接速率一般较低，通常为 9.6Kbps～45Mbps，如邮电部的 CHINANET、CHINAPAC 和 CHINADDN 网。

上面介绍了网络的几种分类，其实在现实生活中最常见的还算是局域网，因为它的连接范围可大可小，无论是在单位，还是在家庭，实现起来都比较容易。

（4）无线网。随着笔记本计算机（notebook computer）和个人数字助理（personal digital assistant，PDA）、智能手机等便携式计算机的日益普及和发展，人们经常要在路途中接听电话、发送传真和电子邮件、阅读网上信息等。然而在汽车或飞机上是不可能通过有线介质与单位的网络相连接的，这时只能借助无线网了。

无线网，特别是无线局域网的优点是易于安装和使用。但无线局域网也有许多不足之处，如它的数据传输率一般比较低，远低于有线局域网；另外无线局域网的误码率也比较高，而且站点之间相互干扰比较厉害。

3．拓扑结构

计算机网络的拓扑结构主要有：总线型、星型、环型、树型、网型和混合型拓扑

（1）总线型拓扑结构。总线型拓扑结构由一条高速公用主干电缆（即总线）连接若干节点构成网络。网络中所有的结点通过总线进行信息传输。这种结构的特点是结构简单灵活，建网容易，使用方便，性能好。其缺点是一次仅能一个端用户发送数据，其他端用户必须等待获得发送权为止。另外，访问获取机制较复杂，主干总线对网络起决定性作用，总线故障将影响整个网络。总线型拓扑是使用最普遍的一种网络。

（2）星型拓扑结构。星型拓扑结构由中央结点集线器与各个结点连接组成。这种网络中的各结点必须通过中央结点才能实现通信。星型结构的特点是结构简单、建网容易，便于控

制和管理。其缺点是中央结点负担较重，容易形成系统的"瓶颈"，线路的利用率也不高。

（3）环型拓扑结构。环型拓扑结构由各结点首尾相连形成一个闭合环型线路。环型网络中的信息传送是单向的，即沿一个方向从一个结点传到另一个结点；每个结点需安装中继器，以接收、放大、发送信号。这种结构的特点是结构简单，建网容易，便于管理。其缺点是当结点过多时，将影响传输效率，不利于扩充。

（4）树型拓扑结构。树型拓扑是一种分级结构。在树型结构的网络中，任意两个结点之间不产生回路，每条通路都支持双向传输。这种结构的特点是扩充方便、成本低、易推广，适合于分主次或分等级的层次型管理系统。

（5）网型拓扑结构。网型拓扑主要用于广域网，由于结点之间有多条线路相连，所以网络的可靠性较高。由于结构比较复杂，建设成本较高。

（6）混合型拓扑结构。混合型拓扑可以是不规则型的网络，也可以是点-点相连结构的网络。

4．网络硬件

（1）服务器和工作站。大多数情况下，服务器是网络的核心（在对等网中允许没有服务器）。普通的办公、教学等应用服务器一般可以采用配置较高的普通计算机，注意内存和硬盘的容量应适当大一点，主板、机箱等配件也应选购知名的产品，保证质量稳定可靠，而显卡、显示器、多媒体等方面则不必过多花费。如果资金不存在短缺问题，或应用要求较高（如证券交易），则最好采用专用的服务器。

专用网络服务器与普通计算机的主要区别在于：专用服务器具有更好的安全性和可靠性，更加注重系统的 I/O 吞吐能力，一般采用了双电源、热拔插、SCSI RAID 硬盘等技术。当然专用网络服务器的价格也不菲。

工作站实际上就是普通的计算机，当前的计算机都可作为组网的工作站。一般根据资金、应用要求等具体情况使用当下流行配置的计算机作为工作站。网络工作站可以不配置软驱和光驱，而且可以选择容量较小的硬盘，这样不仅可以充分利用服务器的资源，节省资金，还可防止病毒感染，保证网络安全。

（2）网络适配器（网卡）。网卡的主要作用是将计算机数据转换为能够通过介质传输的信号。当网络适配器传输数据时，首先接收来自计算机的数据，为数据附加自己的包含校验及网卡地址的报头，然后将数据转换为可通过传输介质传输的信号。

现在网卡主要采用 RJ-45 连接器，类似普通的电话电缆连接器（RJ-11），但要大一些，它使用具有 4 对导线的双绞线电缆。从数据传输方式看，现在网卡都支持全双工模式，所谓"全双工"，简单说就是指当 A 传送数据给 B 时，B 同时也可以传送数据给 A。而网卡与主机之间的数据传输方式，可以不占用 CPU 资源，因此速度很快。

（3）传输介质（网线）。常见的传输介质分为同轴电缆、双绞线、光缆和无线传输介质。

① 以前同轴电缆采用较多，主要是因为同轴电缆组成的总线型结构的网络成本较低，但单条电缆的损坏可能导致整个网络瘫痪，这已经是一种将近淘汰的网络形式。

② 根据最大传输速率的不同，双绞线分为不同的类别：3 类、5 类及超 5 类。3 类双绞线的速率为 10Mbit/s，5 类双绞线的速率可达 100 Mbit/s，超 5 类更可达 155 Mbit/s 以上，可以适合未来多媒体数据传输的需求。由于网线布线大多涉及建筑结构与内部装修，因此在布线完成后，如果想重新布线是非常困难的，所以即使网卡等设备还是 10Base-T 的，但在规划网络时，应该考虑到未来的需求，所以应采用 5 类甚至超 5 类的双绞线。

双绞线还分为屏蔽双绞线（STP）和非屏蔽双绞线（UTP），STP 内部包了一层皱纹状的屏蔽金属物质，并且多了一条接地用的金属铜丝线，因此它的抗干扰性比 UTP 强，但价格也要贵很多。对于 UTP，阻抗值在 1MHz 时通常为 100Ω，中心芯线 24AMG（直径为 0.5mm），每条双绞线的最大传输距离为 100m。

和双绞线配套使用的还有 RJ-45 水晶头，用于制作双绞线与网卡 RJ-45 接口间的接头，其质量好坏直接关系整个网络的稳定性。

③ 光缆（光纤）是新一代的传输介质，与铜质介质相比，光纤具有一些明显的优势。因为光纤不会向外界辐射电子信号，所以使用光纤介质的网络无论是在安全性、可靠性，还是网络性能方面都有了很大的提高。光纤传输的带宽大大超出铜质线缆，而且光纤支持的最大连接距离达 2km，是组建较大规模网络的必然选择。

现在有两种不同类型的光纤，分别是单模光纤和多模光纤（所谓"模"，就是指以一定的角度进入光纤的一束光线）。多模光纤使用发光二极管（LED）作为发光设备，而单模光纤使用的则是激光二极管（LD）。多模光纤允许多束光线穿过光纤。因为不同光线进入光纤的角度不同，所以到达光纤末端的时间也不同。这就是我们通常所说的模色散。色散从一定程度上限制了多模光纤所能实现的带宽和传输距离。正是基于这种原因，多模光纤一般被用于同一办公楼或距离相对较近的区域内的网络连接。单模光纤只允许一束光线穿过光纤。因为只有一种模态，所以不会发生色散。使用单模光纤传递数据的质量更高，传输距离更长。单模光纤通常被用来连接办公楼之间或地理分散更广的网络。

如果使用光纤作为传输介质，还需增加光端收发器等设备。价格比较昂贵，在一般的应用中并不采用。

④ 无线传输介质包括微波、卫星通信、红外线等。

（4）中继器和桥接器。无论采用何种传输介质，其对应的传输距离都是有限的，其中，粗同轴电缆每一网段的最大距离为 500m，细同轴电缆 180m，双绞线为 100m，超过这些距离，就需要利用中继器来扩展距离。中继器的功能就是将经过衰减而变得不完整的信号，经过整理后，重新产生出完整的信号再继续传送，虽然中继器可以延长传输距离，但传输带宽不会变化。

传统的桥接器只有两个端口，用于连接不同的网段。桥接器具有信号过滤的功能，此外，桥接器上的每一个端口都是专用带宽，而传统的共享式集线器的带宽是由该集线器上的所有端口平均分配的。

（5）交换机、集线器。集线器可以看成是一种多端口的中继器，是共享带宽式的，其带宽由它的端口平均分配。例如，总带宽为 10Mbit/s 的集线器，连接 4 台工作站并同时上网时，每台工作站平均带宽仅为 10/4=2.5Mbit/s。

交换机又叫交换式集线器，可以将它想象成一台多端口的桥接器，每一端口都有其专用的带宽。例如，10Mbit/s 的交换式集线器，每个端口都有 10Mbit/s 的带宽。

交换机和集线器都遵循 IEEE 802.3 或 IEEE 802.3u 标准，其介质存取方式均为 CSMA/CD。它们之间的区别是集线器为共享方式，即同一网段的机器共享固有的带宽，传输通过碰撞检测进行，同一网段的计算机越多，传输碰撞也越多，传输速率会变慢；而交换机每个端口为固定带宽，有独特的传输方式，传输速率不受计算机增加的影响，其独特的全双工功能增加了交换机的使用范围和传输速度。

（6）路由器。路由器是网络中进行网间连接的关键设备。作为不同网络之间互相连接的枢纽，路由器系统构成了基于 TCP/IP 的国际互联网 Internet 的主体脉络，也可以说，路由器构成了 Internet 的骨架。它的处理速度是网络通信的主要瓶颈之一，它的可靠性则直接影响网络互连的质量。因此，在整个 Internet 研究领域中，路由器技术始终处于核心地位。路由器之所以在互连网络中处于关键地位，是因为它处于网络层，一方面能够跨越不同的物理网络类型（DDN、FDDI、以太网等），另一方面在逻辑上将整个互连网络分割成逻辑上独立的网络单位，使网络具有一定的逻辑结构。

路由器的基本功能是把数据（IP 包）传送到正确的网络，具体包括：IP 数据包的转发，包括数据包的寻径和传送；子网隔离，抑制广播风暴；维护路由表，并与其他路由器交换路由信息；IP 数据包的差错处理及简单的拥塞控制；实现对 IP 数据包的过滤和记忆等功能。

1.3　小结

本章主要介绍了 Internet 服务的基本概念及原理、IE 和电子邮件的使用、计算机网络的基本概念。

通过这一章的学习，用户可以了解 Internet 的基本概念，熟悉 IE 和电子邮件的使用，了解计算机网络的基本概念。

我国 IT 产业虽然制造规模很大，但是拥有的核心技术较少，产业利润较低。下一代 IP 网络的兴起，对我国网络厂商而言，既是机会也是挑战。我国网络厂商应充分抓住这个机遇，积极发展具有基础性、带动性和高附加值的自有核心技术，尽快建立起自主的网络研究软件开发的完整体系，建立起自主的知识产权体系；摆脱发达国家利用市场和标准方面的优势，实现跨越式发展，从而大力提高我国信息产业的国际竞争力。

PART 2

第 2 章
计算机基础

本章学习要点：

- 计算机的发展、类型及其应用领域
- 计算机中数据的表示、存储与处理
- 多媒体技术的概念与应用
- 计算机病毒的概念、特征、分类与防治

　　本章主要介绍计算机的一些基础知识。通过本章的学习，读者可以了解计算机的发展历史、计算机中数据的表示、存储与处理及多媒体技术，以及有关计算机病毒的知识及其预防方法。

2.1　计算机的发展

　　本节简要介绍计算机的发展历史、计算机的特点、计算机的分类、计算机的应用领域及信息技术的相关概念。

2.1.1　电子计算机

　　计算机的诞生可以追溯到半个多世纪以前。1946 年 2 月在美国宾夕法尼亚大学诞生了第一台电子计算机，它是电气工程师埃克特和物理学家莫奇莱博士等人花了 20 年的时间研制成功的。图 2-1 所示为世界上第一台电子计算机，它用了 1 800 个电子管，重 30t，占地 170m²，运算速度为每秒 5 000 次。

　　半个多世纪以来，计算机以惊人的速度在发展。按照计算机采用的电子器件来划分，经历了 4 代。

　　第一代（1946—1958 年）电子计算机采用电子管为主要电子器件制成，这个时代的计算机体积很大，运算速度比较低，存储容量很有限，而且价格昂贵，使用不方便。这时期的计算机主要用于科学计算和军事研究方面。

图 2-1　世界上第一台电子计算机

第二代（1958—1964 年）计算机采用晶体管为主要电子器件制成，这一时期计算机的体积有所缩小，运算速度提高了近百倍，达到每秒几万至几十万次。此时的计算机不仅用于科学计算，还用于数据处理、事务处理及工业控制。

第三代（1965—1970 年）计算机采用中小规模集成电路为主要电子器件制成，运算速度已达到每秒几十万次至几百万次。应用范围更为广泛，扩展到文字处理、图像处理、企业管理、自动控制等许多领域。

第四代（1971 年至今）计算机采用大规模集成电路（LSI）和超大规模集成电路（VLSI）为主要电子器件制成。计算机技术已经广泛应用到社会的各个领域。计算机开始向标准化、模块化、系列化、多元化的方向发展。尤其是近 30 年来，在计算机技术的支持下，微波通信、卫星通信、移动电话通信、综合业务数字网、互联网等通信技术以及通信的数字化、有线传输光纤等都得到了飞速发展。

2.1.2　计算机的特点

（1）运算速度快、精度高。现代计算机每秒钟可运行几百万条指令，数据处理的速度相当快，是其他任何工具无法比拟的。

（2）具有存储与记忆能力。计算机的存储器类似于人的大脑，可以"记忆"（存储）大量的数据和计算机程序。

（3）具有逻辑判断能力。具有可靠的逻辑判断能力是计算机能实现信息处理自动化的重要原因。能进行逻辑判断，使计算机不仅能对数值数据进行计算，还能对非数值数据进行处理，使计算机能广泛应用于非数值数据处理领域，如信息检索、图像识别以及各种多媒体应用等。

（4）自动化程度高。利用计算机解决问题时，启动计算机输入编制好的程序以后，计算机可以自动执行，一般不需要人工干预运算、处理和控制的过程。

2.1.3　计算机的分类

计算机的种类很多，而且分类的方法也很多。有些分类方法是专业人员所使用的。例如编程人员使用 I 代表"指令流"，用 D 代表"数据流"，用 S 表示"单"，用 M 表示"多"。于是就可以把计算机系统分成 SISD、SIMD、MISD、MIMD 4 类。

根据计算机分类的演变过程和近期可能的发展趋势，通常把计算机分为以下 6 大类。

1．超级计算机或称巨型机

超级计算机通常是指最大、最快也是最贵的计算机。例如，目前世界上运行最快的超级计算机的速度为每秒 1 704 亿次浮点运算。生产巨型机的公司有美国的 Cray 公司、TMC 公司，日本的富士通公司、日立公司等。我国研制的银河机也属于巨型机，银河 1 号为亿次机，银河 2 号为十亿次机。

"天河一号"由天津滨海新区和国防科技大学共同建设的国家超级计算机天津中心所研制，它是我国首台千万亿次超级计算机系统，其系统峰值性能为每秒 1 206 万亿次双精度浮点运算。"天河一号"中共有 6 144 个 Intel 处理器和 5120 个 AMD 图像处理单元（相当于普通计算机中的图像显示卡）。"天河一号"广泛应用于航天、勘探、气象、金融等众多领域，为国内外提供超级计算服务。

2013 年 11 月 18 日，国际 TOP500 组织公布了最新全球超级计算机 500 强排行榜榜单，中国国防科学技术大学研制的"天河二号"以比第二名美国的"泰坦"快近一倍的速度再度轻松登上榜首。美国专家预测，在一年时间内，"天河二号"还会是全球最快的超级计算机。

"天河二号"的峰值速度和持续速度分别为每秒 54 900 万亿次和每秒 33 900 万亿次。这组数字意味着，"天河二号"运算 1 小时，相当于 13 亿人同时用计算器计算 1 000 年。这台超级计算机系统由 280 人历时两年多研制完成，耗资约 1 亿美元。2013 年下半年起在广州超级计算中心投入运行，其先导系统已开始为生物医药、新材料等领域用户提供服务。

超级计算机是世界高新技术领域的战略制高点，是体现科技竞争力和综合国力的重要标志。各大国均将其视为国家科技创新的重要基础设施，投入巨资进行研制开发。

2．小超级机或称小巨型机

小超级机又称桌上型超级计算机，它旨在使巨型机缩小成个人机的大小，或者使个人机具有超级计算机的性能。典型产品有美国 Convex 公司的 C-1、C-2、C-3 等；Alliant 公司的 FX 系列等。

3．大型主机

大型主机包括通常所说的大、中型计算机。这是在微型机出现之前最主要的计算模式，即把大型主机放在计算中心的玻璃机房中，用户要上机就必须去计算中心的各端口工作。大型主机经历了批处理、分时处理、分散处理与集中管理的阶段。IBM 公司一直在大型主机市场处于霸主地位，DEC、富士通、日立、NEC 等公司也生产大型主机。不过随着微机与网络的迅速发展，大型主机正在走下坡路。许多计算中心的大型主机正在被高档微机群取代。

4．小型机

由于大型主机价格昂贵，操作复杂，只有财力雄厚的企业和单位才会考虑购买。在集成电路推动下，20 世纪 60 年代，DEC 公司推出一系列小型机，如 PDP-11 系列、VAX-11 系列，HP 公司推出 1000、3000 系列等。通常小型机用于部门的计算工作，同样它也受到高档微机的挑战。

5．个人计算机或称微型机

这是目前发展最快的领域。根据它所使用的微处理器芯片的不同而分为以下若干类型。

- 使用 Intel 芯片以及奔腾等型号的 32 位 PC 及其兼容机。
- 使用 IPM-Apple-Motorola 联合研制的 PowerPC 芯片的机器，苹果公司的 Macintosh 已有使用这种芯片的机器；
- DEC 公司推出使用它自己的 Alpha 芯片的机器。

2.1.4　计算机的应用领域

1．科学和工程计算

科学和工程计算的特点是计算量大，而逻辑关系相对简单，它是计算机的重要应用领域之一。

2．数据和信息处理

数据处理是指对数据的收集、存储、加工、分析和传送的全过程。计算机数据处理的应用十分广泛，这些数据处理应用的特点是数据量很大，但计算相对简单。而多媒体技术的发展，为数据处理增加了新鲜内容，如指纹识别、图像和声音信息处理等，都涉及更广泛的数据类型，这些数据处理过程不仅数据量大，而且还会带来大量的运算和复杂的运算过程。

3．过程控制

过程控制是生产自动化的重要技术内容和手段，它是由计算机对所采集到的数据按一定方法经过计算，然后输出到指定执行机构去控制生成的过程。

4．辅助设计

计算机辅助设计是计算机的另一个重要领域。计算机辅助系统一般分为以下几类。

（1）计算机辅助设计（Computer Aided Design，CAD）。

（2）计算机辅助制造（Computer Aided Manufacturing，CAM）。

（3）计算机辅助测试（Computer Aided Testing，CAT）。

（4）计算机辅助教学（Computer Aided Instruction，CAI）。

5．人工智能

人们把用计算机模拟人类脑力劳动的过程称为人工智能。人工智能是利用计算机来模拟人的思维过程，并利用计算机程序来实现这些过程。

6．未来计算机的发展趋势

计算机是 20 世纪人类最伟大的发明之一。在这个知识经济的时代，作为知识和信息处理、传输和存储之载体的计算机将会在超高速信息公路的建设中发生什么新的变化呢？

当今计算机科学的发展趋势，可以分为三维考虑。

一维是向"高"的方向。性能越来越高，速度越来越快，主要表现在计算机的主频越来越高和计算机整体性能的提高。目前世界上性能最高的通用计算机已采用上万台计算机并行，美国的 ASCI 计划已经完成每秒 12.3 万亿次的并行机。目前正在研制上千万亿次的并行计算机。

二维是向"广"度方向发展。计算机发展的趋势就是无处不在，以至于发展到像"没有计算机一样"。近年来更明显的趋势是网络化及向各个领域的渗透，即在广度上的发展开拓。未来，计算机也会像现在的发动机一样，存在于各种家用电器里。到那时间你家里有多少台计算机，你也会数不清。未来的笔记本、书籍都已电子化，未来学生们上课用的不再是一本本的教科书，而只是一个笔记本大小的计算机，所有中小学的课程教材、辅导书、练习册都在里面。不同的学生可以根据自己的需要方便地从中查找到想要的资料。而且计算机与手机的功能合为一体，用户随时随地都可以上网，相互交流信息。所以有人预言未来计算机可能像纸张一样便宜，可以一次性使用，计算机将成为不被人注意的最常用的日用品。

三维是向"深"度方向发展，即向信息的智能化发展。网上有大量的信息，怎样把这些浩如烟海的信息变成需要的知识，是计算科学的重要课题。目前计算机的"思维"方式与人类思维方式有很大区别，人机之间的间隔还不小。人类还很难以自然的方式，如语言、手势、表情与计算机打交道，计算机"难用"已成为阻碍计算机进一步普及的巨大障碍。随着 Internet

的普及，普通老百姓使用计算机的需求日益增长，这种强烈需求将大大促进计算机智能化方向的研究。近几年来，计算机识别文字（包括印刷体、手写体）和口语的技术已有较大提高，已初步达到商品化水平，估计 5～10 年内，手写和口语输入将逐步成为主流的输入方式。手势（特别是哑语手势）和脸部表情识别也已取得较大进展。使人沉浸在计算机世界的虚拟现实（virtual reality）技术是近几年来发展较快的技术。

2.1.5　信息技术

信息技术（information technology， IT），是主要用于管理和处理信息所采用的各种技术的总称。它主要是应用计算机科学和通信技术来设计、开发、安装和实施信息系统及应用软件。它也常被称为信息和通信技术（information and communications technology，ICT）。信息技术的研究包括科学、技术、工程、管理等学科以及这些学科在信息管理、传递和处理中的应用，还包括相关的软件和设备及其相互的作用。

信息技术的应用包括计算机硬件和软件、网络和通信技术、应用软件开发工具等。计算机和互联网普及以来，人们日益普遍使用计算机来生产、处理、交换和传播各种形式的信息（如书籍、商业文件、报刊、唱片、电影、电视节目、语音、图形、影像等）。

由于计算机是信息管理的中心，计算机部门通常被称为"信息技术部门"。有些公司称这个部门为"信息服务"（IS）或"管理信息服务"（MIS）。另一些企业选择外包信息技术部门，以获得更好的效益。

物联网和云计算作为信息技术新的高度和形态被提出并得到发展。根据中国物联网校企联盟的定义，物联网为当下几乎所有技术与计算机互联网技术的结合，让信息更快、更准地收集、传递、处理并执行，是科技的最新呈现形式与应用。

2.2　计算机中数据的表示、存储与处理

2.2.1　数据

数据是指通过科学实验、检验、统计等方式所获得的数值或用于科学研究、技术设计、查证、决策等的数值，它是存储在某种介质上并能够被识别的物理符号。

2.2.2　计算机中的数据

在计算机科学中，数据是指所有能输入计算机并被计算机程序处理的符号的总称，是具有一定意义的各种字母、数字符号的组合、语音、图像、符号等的统称。

2.2.3　计算机中的数据单位

在计算机中，内存是由成千上万个小的电子线路单元组成的，这些电子线路单元有两个典型的工作状态，即电位的高和低（可以分别用 1 和 0 来表示），这是计算机中存储数据的最小单位——bit，又称比特、位。

存储器中所包含存储单元的数量称为存储容量，存储容量的基本单位是 byte，又称字节，简写为 B。

8 个二进制位等于 1 字节，此外还有 KB、MB、GB、TB 等存储容量单位，它们之间的换算关系是 1byte = 8bit，1KB=1024B，1MB=1024KB，1GB=1024MB，1TB=1024GB。

2.2.4 进制之间的转换

1．常用数制的表示方法

（1）十进制。我们最熟悉、最常用的是十进位计数制，简称十进制，它由 0~9 共 10 个数字组成，即基数为 10。十进制具有"逢十进一"的进位规律。

任何一个十进制数都可以表示成按权展开式。例如，十进制数 95.31 可以写成：

$(95.31)_{10} = 9 \times 10^1 + 5 \times 10^0 + 3 \times 10^{-1} + 1 \times 10^{-2}$

其中，10^1、10^0、10^{-1}、10^{-2} 为该十进制数在十位、个位、十分位和百分位上的权。

（2）二进制。与十进制数相似，二进制中只有 0 和 1 两个数字，即基数为 2。二进制具有"逢二进一"的进位规律。在计算机内部，一切信息的存放、处理和传送都采用二进制的形式。

任何一个二进制数也可以表示成按权展开式。例如，二进制数 1101.101 可写成：

$(1101.101)_2 = 1 \times 2^3 + 1 \times 2^2 + 0 \times 2^1 + 1 \times 2^0 + 1 \times 2^{-1} + 0 \times 2^{-2} + 1 \times 2^{-3}$

（3）八进制。八进位记数制（简称八进制）的基数为 8，使用 8 个数码，即 0、1、2、3、4、5、6、7 表示数，低位向高位进位的规则是"逢八进一"。

（4）十六进制。十六进位记数制（简称十六进制）的基数为 16，使用 16 个数码，即 0、1、2、3、4、5、6、7、8、9、A、B、C、D、E、F 表示数。这里借用 A、B、C、D、E、F 作为数码，分别代表十进制中的 10、11、12、13、14、15。低位向高位进位的规则是"逢十六进一"。

表 2-1 列出了常用的几种进位制对同一个数值的表示。

表 2-1　几种常用进位制数值对照表

十进制	二进制	八进制	十六进制
0	0	0	0
1	1	1	1
2	10	2	2
3	11	3	3
4	100	4	4
5	101	5	5
6	110	6	6
7	111	7	7
8	1000	10	8
9	1001	11	9
10	1010	12	A
11	1011	13	B
12	1100	14	C
13	1101	15	D
14	1110	16	E
15	1111	17	F
16	10000	20	10

2．十进制转换为二进制数

（1）整数部分的转换。整数部分的转换采用除 2 取余法，直到商为 0，余数按倒序排列，称为"倒序法"。

例 1：将（126）$_{10}$ 转换成二进制数。

$$
\begin{array}{rl|cll}
2 & 126 & \cdots\cdots & \text{余} & 0 & (K_0) \\
2 & 63 & \cdots\cdots & \text{余} & 1 & (K_1) \\
2 & 31 & \cdots\cdots & \text{余} & 1 & (K_2) \\
2 & 15 & \cdots\cdots & \text{余} & 1 & (K_3) \\
2 & 7 & \cdots\cdots & \text{余} & 1 & (K_4) \\
2 & 3 & \cdots\cdots & \text{余} & 1 & (K_5) \\
2 & 1 & \cdots\cdots & \text{余} & 1 & (K_6) \\
& 0 &
\end{array}
$$

低 ↑ 高

结果为：（126）$_{10}$ =（1111110）$_2$

（2）小数部分的转换。小数部分的转换采用乘 2 取整法，直到小数部分为 0，整数按顺序排列，称为"顺序法"。

例 2：将十进制数（0.534）$_{10}$ 转换成相应的二进制数。

$$
\begin{array}{r}
0.534 \\
\times \quad 2 \\
\hline
1.068 \quad \cdots\cdots\cdots\cdots \quad 1 \quad (K_{-1}) \\
\times \quad 2 \\
\hline
0.136 \quad \cdots\cdots\cdots\cdots \quad 0 \quad (K_{-2}) \\
\times \quad 2 \\
\hline
0.272 \quad \cdots\cdots\cdots\cdots \quad 0 \quad (K_{-3}) \\
\times \quad 2 \\
\hline
0.544 \quad \cdots\cdots\cdots\cdots \quad 0 \quad (K_{-4}) \\
\times \quad 2 \\
\hline
1.088 \quad \cdots\cdots\cdots\cdots \quad 1 \quad (K_{-5})
\end{array}
$$

高 ↓ 低

结果为：（0.534）$_{10}$ ≈（0.10001）$_2$，显然（0.534）$_{10}$ 不能用二进制数精确地表示。

例 3：将（50.25）$_{10}$ 转换成二进制数。

分析：对于这种既有整数部分，又有小数部分的十进制数，可将其整数和小数分别转换成二进制数，然后再把两者连接起来即可。

因为（50）$_{10}$ =（110010）$_2$，（0.25）$_{10}$ =（0.01）$_2$

所以（50.25）$_{10}$ =（110010.01）$_2$

3．十进制转换为八进制数

（1）整数部分的转换。整数部分的转换采用除 8 取余法，直到商为 0，余数按倒序排列，称为"倒序法"。

（2）小数部分的转换。小数部分的转换采用乘 8 取整法，直到小数部分为 0，整数按顺序排列，称为"顺序法"。

例 4：（50.25）$_{10}$ =（62.2）$_8$

4．十进制转换为十六进制数

（1）整数部分的转换。整数部分的转换采用除 16 取余法，直到商为 0，余数按倒序排列，称为"倒序法"。

（2）小数部分的转换。小数部分的转换采用乘 16 取整法，直到小数部分为 0，整数按顺序排列，称为"顺序法"。

例 5：$(50.25)_{10} = (32.4)_{16}$

5．二、八、十六进制数转换为十进制数

（1）二进制数转换成十进制数。转换方法是将二进制数以 2 为基数按权展开并相加。

例 6：$(1101100.111)_2 = 1 \times 2^6 + 1 \times 2^5 + 1 \times 2^3 + 1 \times 2^2 + 1 \times 2^{-1} + 1 \times 2^{-2} + 1 \times 2^{-3}$

$$= 64 + 32 + 8 + 4 + 0.5 + 0.25 + 0.125 = (108.875)_{10}$$

（2）八进制数转换成十进制数。转换方法是以 8 为基数按权展开并相加。

例 7：$(652.34)_8 = 6 \times 8^2 + 5 \times 8^1 + 2 \times 8^0 + 3 \times 8^{-1} + 4 \times 8^{-2}$

$$= 384 + 40 + 2 + 0.375 + 0.0625 = (426.4375)_{10}$$

（3）十六进制数转换成十进制数。转换方法是以 16 为基数按权展开并相加。

例 8：$(19BC.8)_{16} = 1 \times 16^3 + 9 \times 16^2 + B \times 16^1 + C \times 16^0 + 8 \times 16^{-1}$

$$= 4096 + 2304 + 176 + 12 + 0.5 = (6588.5)_{10}$$

6．八进制数与二进制数的相互转换

（1）八进制数转换为二进制数。转换原则是"一位拆三位"，即把一位八进制数对应于 3 位二进制数，然后按顺序连接即可。

例 9：将 $(64.54)_8$ 转换为二进制数。

6	4	.	5	4
↓	↓	.	↓	↓
110	100	.	101	100

结果为：$(64.54)_8 = (110100.101100)_2$

（2）二进制数转换成八进制数。二进制数转换成八进制数可概括为"3 位并一位"，即从小数点开始向左右两边以每 3 位为一组，不足 3 位时补 0，然后每组改成等值的一位八进制数即可。

例 10：将 $(110111.11011)_2$ 转换成八进制数。

110	111	.	110	110
↓	↓	.	↓	↓
6	7	.	6	6

结果为：$(110111.11011)_2 = (67.66)_8$

7．十六进制数与二进制数的相互转换

（1）十六进制数转换成二进制数。十六进制数转换成二进制数的原则是"一位拆 4 位"，即把 1 位十六进制数转换成对应的 4 位二进制数，然后按顺序连接即可。

例 11：将 $(C41.BA7)_{16}$ 转换为二进制数。

C	4	1	.	B	A	7
↓	↓	↓	.	↓	↓	↓
1100	0100	0001	.	1011	1010	0111

结果为：$(C41.BA7)_{16} = (110001000001.101110100111)_2$

（2）二进制数转换成十六进制数。二进制数转换成十六进制数的原则是"4 位并一位"，即从小数点开始向左右两边以每 4 位为一组，不足 4 位时补 0，然后每组改成等值的一位十六进制数即可。

例 12：将 $(1111101100.00011010)_2$ 转换成十六进制数。

$$
\begin{array}{cccccc}
0011 & 1110 & 1100 & \cdot & 0001 & 1010 \\
\downarrow & \downarrow & \downarrow & & \downarrow & \downarrow \\
3 & E & C & \cdot & 1 & A
\end{array}
$$

结果为：（1111101100.00011010）₂＝（3EC.1A）₁₆

此外，为了区分不同进制，常在数字后加一个英文字母作为后缀以示区别。

- 十进制数，在数字后面加字母 D 或不加字母，如（6659）10 写成 6659D 或 6659。
- 二进制数，在数字后面加字母 B，如（1101101）2 写成 1101101B。
- 八进制数，在数字后面加字母 O，如（1275）8 写成 1275O。
- 十六进制数，在数字后面加字母 H，如（CFA7）16 写成 CFA7H。

2.2.5 字符的编码

1．西文的编码

目前使用最广泛的西文字符集及其编码是 ASCII 字符集和 ASCII 码（American Standard Code for Information Interchange，美国标准信息交换码），它同时也被国际标准化组织（International Organization for Standardization，ISO）批准为 ISO 646 国际标准。标准 ASCII 码使用 7 个二进制位对字符进行编码，基本的 ASCII 字符集共有 128 个字符，其中有 96 个可打印字符，包括常用的字母、数字、标点符号等，另外还有 32 个控制字符。

2．汉字的编码

（1）简体中文的编码。《信息交换用汉字编码字符集》是由中国国家标准总局 1980 年发布，1981 年 5 月 1 日开始实施的一套国家标准，标准号是 GB 2312—1980。GB2312 编码适用于汉字处理、汉字通信等系统之间的信息交换，新加坡等地也采用此编码。几乎所有的中文系统和国际化的软件都支持 GB 2312。基本集共收入 6763 个汉字和 682 个非汉字图形字符。整个字符集分成 94 个区，每区有 94 个位。每个区位上只有一个字符，因此可用所在的区和位来对汉字进行编码，称为区位码。把换算成十六进制的区位码加上 2020H，就得到国标码。国标码加上 8080H，就得到常用的计算机机内码。1995 年，国家标准总局又颁布了《汉字编码扩展规范》（GBK）。GBK 与 GB 2312—1980 国家标准所对应的内码标准兼容，同时支持 ISO/IEC10646-1 和 GB 13000-1 的全部中、日、韩（CJK）汉字，共计 20 902 字。

（2）繁体中文的编码。大五码（Big5），又称为五大码，是使用繁体中文地区最常用的计算机汉字字符集标准，共收录 13 060 个中文字，Big5 属中文内码（中文码分为中文内码和中文交换码两类）。

3．汉字的处理过程

汉字在计算机的输入、内部处理、输出时要使用不同的编码，各种编码之间需进行相互转换，如图 2-2 所示。

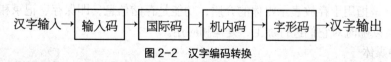

图 2-2 汉字编码转换

（1）输入码：主要分为数字编码、拼音编码和字形编码。

数字编码是用数字串代表一个汉字，国标区位码是这种类型编码的代表。

拼音编码是以汉字拼音为基础的输入方法，全拼输入法即属于这种编码。

字形编码是以汉字的形状为基础的编码，五笔字型即属于这种编码。

（2）国标码：国标码又称为汉字交换码，用于在计算机之间交换信息。

（3）机内码：机内码是在设备和信息处理系统内部存储、处理、传输汉字用的编码。

（4）字形码：表示汉字字形的字模数据，是汉字的输出形式。有矢量和点阵 2 种表示方式。其中汉字所需的存储容量为：字节数=点阵行数×点阵列数/8，每个点使用 1bit（位）存储空间。用于打印的字库叫打印字库，其中的汉字比显示字库多，而且工作时也不像显示字库需调入内存。

4．汉字地址码

汉字地址码是指汉字库中存储汉字字形信息的逻辑地址码。它与汉字内码有着简单的对应关系，以简化内码到地址码的转换。

5．其他汉字内码

（1）HZ 码：HZ 码是在 Internet 上广泛使用的一种汉字编码。

（2）ISO－2022CJK 码：ISO－2022 是国际标准组织（ISO）为各种语言字符制定的编码标准。采用 2 字节编码，其中汉语编码称 ISO－2022 CN，日语、韩语的编码分别称为 JP、KR。一般将三者合称为 CJK 码。目前 CJK 码主要在 Internet 中使用。

（3）Unicode 码：Unicode 码也是一种国际标准编码，采用 2 字节编码模式。目前，在网络、Windows 系统和很多大型软件中得到应用。

2.3 多媒体技术

2.3.1 媒体

媒体是信息表示和传输的载体。媒体在计算机中有两种含义：一是指媒质，即存储信息的实体，如磁盘、光盘；二是指显示信息的方式，如数字、文字、声音。

2.3.2 媒体的分类

1．感觉媒体

感觉媒体是能够直接作用于人的感觉器官，并使人产生直接感觉的媒体，其功能是反映人类对客观环境的感知，表现为听觉、视觉、触觉、嗅觉、味觉等感觉形式。

2．表示媒体

表示媒体是为了加工、处理和传播感觉媒体而人为研究、构造出来的一种媒体形式。

3．显示媒体

显示媒体是将感觉媒体输入计算机中或通过计算机展示感觉媒体所使用的物理设备，即能够输入信息和输出显示信息的物理设备。

4．存储媒体

存储媒体是指用于存放表示媒体的介质，功能是存储信息，即保存、记录和获取信息，以便计算机可以随时对它们进行加工、处理和应用。

5．传输媒体

传输媒体是指用来将表示媒体从一个地方传输到另一个地方的物理载体，功能是用于连续信息传输，具体表现为信息传输的物理介质。

2.3.3 多媒体技术

多媒体是是英文 multimedia 一词的译文，由 multi 和 media 复合而成，其中 multi 译为多，media 是媒体（medium）的复数形式，直译即为多媒体。从字面上理解就是"多种媒体的综合"。

进行多种媒体综合的技术，是指使用计算机综合处理文本、声音、图形、图像、动画、视频等多种不同类型媒体信息，并集成为一个具有交互性的系统的技术，其实质是通过进行数字化采集、获取、压缩/解压缩、编辑、存储等加工处理，再以单独或合成形式表现出来的一体化处理技术。

2.3.4 多媒体技术的关键特性

1．多样性

信息载体的多样性是对计算机而言的，主要是指表示媒体的多样性，体现在信息采集、传输、处理和显示的过程中，要涉及多种表示媒体的相互作用。

2．集成性

集成性是指将不同的媒体信息有机地组合在一起，形成一个完整的整体。

3．交互性

交互性是指人可以介入各种媒体加工、处理的过程中，从而更有效地控制和应用各种媒体信息。

2.3.5 多媒体的数字化

人类利用视觉、听觉、触觉、嗅觉和味觉来感受各种信息，因此，媒体也可以分为视觉类媒体、听觉类媒体、触觉类媒体、嗅觉类媒体和味觉类媒体，其中嗅觉类和味觉类媒体目前在计算机中尚不能方便地实现。下面介绍这些类型的媒体在计算机中的表示，即多媒体的数字化问题。

1．音频的数字化

外力的作用引起空气中的分子振动，人耳对这种振动的感觉就是声音。声音可以用声波来表示，它是一条随时间变化的连续曲线。声波有两个基本属性：频率和振幅。频率在 20 ～ 20000Hz 的声音称为可听声，又称音频。数字化就是将连续信号转换成离散信号，即把模拟音频信号转换成有限个数字表示的离散序列。对音频信号来说，按一定的时间间隔（T）在模拟信号上截取一个振幅值，得到离散信号的过程称为采样，在幅度上离散，将在有限个时间点上取到的幅度值限制到有限个值上的过程称为量化，将量化得到的数据表示成能被计算机识别的格式的过程称为编码。至此，数字化的音频文件就形成了。

2．图像和视频的数字化

媒体计算机处理图像和视频，首先必须把连续的图像函数 $f(x, y)$ 进行空间和幅值的离散化处理，空间连续坐标（x, y）的离散化，叫作采样；$f(x, y)$ 颜色的离散化称为量化，是对每个离散点像素的灰度或颜色样本进行数字化处理。两种离散化结合在一起，叫作数字化（就是把自然的景物或以纸介质存在的图像和文字等外部信息输入计算机的过程），离散化的结果称为数字图像。

静态图像分为位图和矢量图。位图是一个矩阵，由一些排成行列的点组成，这些点称为像素点。矢量图是指用计算机绘制的几何画面，如直线、圆、矩形、图标等，图形的格式是一组描述点、线、面等几何图形的大小、形状及其位置、维数的指令集合，图形文件只记录生成图的算法和图上的某些特征点。

动画是指运动的画面，动画之所以形成，是因为人类的眼睛具有 "视觉暂留"生物现象。在观察过物体之后，物体的映像将在人眼的视网膜上保留一个短暂的时间。

动态图形和图像序列根据每一帧画面的产生形式，又分为两种类型，当每一帧画面都是人工或计算机生成的画面时，称为动画。当每一帧画面为实时获得的自然景物图时，称为动态影像视频，简称视频，视频一般由摄像机摄制的画面组成。

动画与视频是从画面产生的形式上来区分的，动画着重研究如何将数据和几何模型变成可视的动态图形。这种动态图形可能是自然界根本不存在的，即是人工创造的动态画面。视频处理侧重于研究如何将客观世界中原来存在的实物影像处理成数字化动态影像，研究如何压缩数据、如何还原播放。

2.3.6　多媒体数据压缩

在多媒体系统中，为了达到令人满意的图像、视频画面质量和听觉效果，必须解决视频、图像和音频信号数据的大容量存储和实时传输问题。数字化的视频信号和音频信号的数据量是非常大的，但是视频、图像和声音这些媒体数据存在冗余。人们研究发现，多媒体数据中存在大量的冗余。例如，经常使用的书籍为了排版和装潢的需要，留有许多空白的地方，对书籍所要传达的信息而言，这些空白处是多余的，在技术上称为"冗余度"很大。因此，在允许一定限度失真的前提下，可以对数据进行压缩。

多媒体数据压缩是一种数据处理方法，用于将一个文件的数据容量减少，同时基本保持原有文件的信息内容。

目前常用的压缩编码形式可分为两大类：一类是无损压缩，也称冗余压缩法；另一类是有损压缩，也称熵压缩法。

1．无损压缩

所谓无损压缩，是指利用数据的统计冗余进行压缩，可完全恢复原始数据而不引起任何失真，但压缩率受到数据统计冗余度的理论限制。

无损压缩的方法是：识别一个给定的流中出现频率最高的比特或字节模式，并用比原始比特更少的比特数来对其编码，即频率越低的模式，其编码的位数越多，频率越高的模式编码位数越少。若码流中所有模式出现的概率相等，则平均信息量最大，信源就没有冗余。

（1）行程编码。行程编码是最简单、最古老的压缩技术之一，主要技术是检测重复的比特或字符序列，并用它们出现的次数取而代之。

行程编码有多种编码方式，对于 0 出现较多，1 出现较少（或反之）的信源数据，可以对 0 的持续长度（或 1 的持续长度）进行编码，1（或 0）保持不变。而对于 0、1 交替出现的数据，可以分别对 0 的持续长度和 1 的持续长度编码。这种编码适合于 0、1 成片出现的数据压缩。为了保证解压缩时保持颜色同步，所有的数据行以白色行程代码字集开始。如果实际的扫描线从黑色行程开始，那么假设起始有白色的 0 行程。黑色或白色行程由规定的代码字来定义。代码字有两种类型：结束代码字和组成代码字。每个行程由 0 个或多个组成代码字和一个确定的结束代码字来表示。0～63 范围内的行程由相应的结束代码字编码。64～2623（2560+63）范围内的行程首先由组成代码字编码，它表示最接近，但不大于所要求的行程，后再跟结束代码字。行程大于或等于 2624 时，首先由组成代码 2560 编码。如果行程的剩余部分仍大于 2560，则产生附加的组成代码 2560，直到行程的剩余部分少于 2560，才再按前述方法编码。

（2）Huffman 编码。1952 年，Huffman（哈夫曼）提出了对统计独立信源能达到最小平均码长的编码方法，即最佳码。最佳性可从理论上证明。这种码具有即时性和唯一可译性。

该编码是常见的一种统计编码。对给定的数据流，计算其每字节的出现频率。根据频率表，运用哈夫曼算法可确定分配各字符的最小位数，然后给出一个最优的编码。代码字存入代码表中。

编码时，首先将信源符号按概率递减顺序排列，把两个最小的概率加起来，作为新符号的概率，重复此过程，直到概率和达到 1 为止。然后在每次合并消息时，将被合并的消息赋以 1 和 0 或 0 和 1，寻找从每一信源符号到概率为 1 处的路径，记录下路径上的 1 和 0，对每一符号写出 1、0 序列（从码树的右边到左边）。

2．有损压缩

所谓有损压缩，是指利用人类对图像或声波中的某些频率成分不敏感的特性，允许压缩过程中损失一定的信息；虽然不能完全恢复原始数据，但是所损失的部分对于理解原始图像的影响缩小，却换来了大得多的压缩比。其中最典型的是预测编码。

预测编码是根据原始的离散信号之间存在一定关联性的特点，利用前面的一个或多个信号对下一个信号进行预测，然后对实际值和预测值的差进行编码。如果预测比较准确，误差信号会很小，就可以用比较少的数码进行编码，达到压缩数据的目的。DPCM 与 ADPCM 是两种典型的预测编码。

2.4　计算机病毒

2.4.1　基本概念

计算机病毒（computer virus）在《中华人民共和国计算机信息系统安全保护条例》中被明确定义，是指"编制者在计算机程序中插入的破坏计算机功能或者破坏数据，影响计算机使用并且能够自我复制的一组计算机指令或者程序代码"。与医学上的"病毒"不同，计算机病毒不是天然存在的，而是某些人利用计算机软件和硬件所固有的脆弱性编制的一组指令集或程序代码。它能通过某种途径潜伏在计算机的存储介质（或程序）里，当达到某种条件时即被激活，通过修改其他程序的方法将自己的精确拷贝或者可能演化的形式放入其他程序中，从而感染其他程序，对计算机资源进行破坏，对被感染用户有很大的危害性。

2.4.2　主要特点

1．繁殖性

计算机病毒可以像生物病毒一样进行繁殖，当正常程序运行时，它也进行自身复制，是否具有繁殖性是判断某段程序是否为计算机病毒的首要条件。

2．传染性

计算机病毒不但本身具有破坏性，更有害的是具有传染性，一旦病毒被复制或产生变种，其传染速度之快令人难以预防。传染性是病毒的基本特征。计算机病毒会通过各种渠道从已被感染的计算机扩散到未被感染的计算机，在某些情况下造成被感染的计算机工作失常，甚至瘫痪。是否具有传染性是判别一个程序是否为计算机病毒的最重要条件。

3．潜伏性

有些病毒像定时炸弹一样，让它什么时间发作是预先设计好的。例如，黑色星期五病毒，不到预定时间一点都觉察不出来，等到条件具备时一下子就爆炸开来，对系统进行破坏。一个编制精巧的计算机病毒程序，进入系统之后一般不会马上发作，因此病毒可以静静地躲在磁盘或磁带里呆上几天，甚至几年，一旦时机成熟，得到运行机会，就又要四处繁殖、扩散，继续危害。潜伏性的第二种表现是指，计算机病毒的内部往往有一种触发机制，不满足触发条件时，计算机病毒除了传染外不做什么破坏。触发条件一旦得到满足，有的在屏幕上显示信息、图形或特殊标识，有的则执行破坏系统的操作，如格式化磁盘、删除磁盘文件、对数据文件进行加密、封锁键盘以及使系统死锁等。

4．隐蔽性

计算机病毒具有很强的隐蔽性，有的可以通过病毒软件检查出来，有的根本就查不出来，有的时隐时现、变化无常，这类病毒处理起来通常很困难。

5．破坏性

计算机中毒后，可能会导致正常的程序无法运行，计算机内的文件被删除或受到不同程度的损坏，通常表现为：增、删、改、移。

6．可触发性

病毒因某个事件或数值的出现，诱使病毒实施感染或进行攻击的特性称为可触发性。为了隐蔽自己，病毒必须潜伏，少做动作。但如果完全不动，一直潜伏的话，则病毒既不能感染，也不能进行破坏，从而失去杀伤力。因此病毒既要隐蔽，又要维持杀伤力。病毒具有预定的触发条件，这些条件可能是时间、日期、文件类型或某些特定数据等。病毒运行时，触发机制检查预定条件是否满足，如果满足，则启动感染或破坏动作，使病毒进行感染或攻击；如果不满足，则使病毒继续潜伏。

2.4.3　病毒种类

1．系统病毒

系统病毒的前缀为 Win32、PE、Win95、W32、W95 等。这些病毒的一般共有特性是可以感染 Windows 操作系统的.exe 和.dll 文件，并通过这些文件进行传播，如 CIH 病毒。

2．蠕虫病毒

蠕虫病毒的前缀是 Worm。这种病毒的共有特性是通过网络或者系统漏洞进行传播，很大部分的蠕虫病毒都有向外发送带毒邮件、阻塞网络的特性，如冲击波（阻塞网络）、小邮差（发带毒邮件）等。

3．木马病毒、黑客病毒

木马病毒的前缀是 Trojan，黑客病毒的前缀一般为 Hack。木马病毒的共有特性是通过网络或者系统漏洞进入用户的系统并隐藏，然后向外界泄露用户的信息。而黑客病毒则有一个可视的界面，能对用户的计算机进行远程控制。木马、黑客病毒往往是成对出现的，即木马病毒负责侵入用户的计算机，黑客病毒则通过该木马病毒来进行控制。现在这两种病毒越来越趋向于整合了。一般的木马，如 QQ 消息尾巴木马 Trojan.QQ3344，还有针对网络游戏的木马病毒，如 Trojan.LMir.PSW.60。

4．脚本病毒

脚本病毒的前缀是 Script。脚本病毒的共有特性是使用脚本语言编写，通过网页进行传播，如红色代码（Script.Redlof）。脚本病毒还会有如下前缀：VBS、JS（表明是用何种脚本编写的），如欢乐时光（VBS.Happytime）、十四日（Js.Fortnight.c.s）等。

5．宏病毒

其实宏病毒也是脚本病毒的一种，由于它的特殊性，因此在这里单独算成一类。宏病毒的第一前缀是 Macro，第二前缀是 Word、Word 97、Excel、Excel 97 等内容之一。该类病毒的共有特性是能感染 Office 系列文档，然后通过 Office 通用模板进行传播，如著名的美丽莎（Macro.Melissa）。

6．后门病毒

后门病毒的前缀是 Backdoor。该类病毒的共有特性是通过网络传播，给系统开后门，给用户计算机带来安全隐患。

7．病毒种植程序病毒

这类病毒的共有特性是运行时会从体内释放出一个或几个新的病毒到系统目录下，由释放出来的新病毒产生破坏，如冰河播种者（Dropper.BingHe2.2C）、MSN 射手（Dropper.Worm.Smibag）等。

8．破坏性程序病毒

破坏性程序病毒的前缀是 Harm。这类病毒的共有特性是本身具有好看的图标来诱惑用户点击，当用户点击这类病毒时，病毒便会直接对用户计算机产生破坏，如格式化 C 盘（Harm.formatC.f）、杀手命令（Harm.Command.Killer）等。

9．玩笑病毒

玩笑病毒的前缀是 Joke，也称恶作剧病毒。这类病毒的共有特性是本身具有好看的图标来诱惑用户点击，当用户点击这类病毒时，病毒会做出各种破坏操作来吓唬用户，其实病毒并没有对用户计算机进行任何破坏。

10．捆绑机病毒

捆绑机病毒的前缀是 Binder。这类病毒的共有特性是病毒作者会使用特定的捆绑程序将病毒与一些应用程序，如 QQ、IE 捆绑起来，表面上看是一个正常的文件，当用户运行这些捆绑病毒时，会表面上运行这些应用程序，然后隐藏运行捆绑在一起的病毒，从而给用户造成危害，如捆绑 QQ（Binder.QQPass.QQBin）、系统杀手（Binder.killsys）等。

2.4.4 症状

计算机感染病毒后有以下症状。

（1）计算机系统运行速度减慢。

（2）计算机系统经常无故死机。

（3）计算机系统中的文件长度发生变化。

（4）计算机存储的容量异常减少。

（5）系统引导速度减慢。

（6）丢失文件或文件损坏。

（7）计算机屏幕上出现异常显示。

（8）计算机系统的蜂鸣器出现异常声响。

（9）对存储系统异常访问。

（10）文件无法正确读取、复制或打开。

（11）命令执行出现错误。

（12）虚假报警。

（13）Windows 操作系统无故频繁出现错误。

（14）系统异常重新启动。

（15）一些外部设备工作异常。

（16）异常要求用户输入密码。

（17）系统无故进行大量磁盘读写或未经用户允许进行格式化操作。

（18）系统出现异常的重启现象，经常死机，或者蓝屏无法进入系统。

（19）打印机等外部设备工作异常。

（20）在汉字库正常的情况下，无法调用和打印汉字或汉字库无故损坏。

2.4.5 预防

磁盘、光盘、网络等是计算机病毒传播的主要途径。控制病毒传染的途径，是预防计算机病毒的主要方法。

采取以下措施，可以有效地预防计算机病毒的传染。

（1）计算机安装一种或多种反病毒软件，经常或定期地对计算机进行检测，以便早日发现可能存在的病毒，并清理。

（2）及时备份硬盘的分区表及重要文件，以便一旦遭遇病毒，可以及时恢复。

（3）不要使用盗版软件和来路不明的 U 盘、光盘。

（4）在需要使用外来 U 盘、光盘时，要先对其进行检测，防止病毒侵入。

（5）定期对文件进行备份，培养随时进行备份的良好习惯。

（6）不要随便打开来历不明的邮件，特别是邮件的附件，其内很有可以带有病毒。

（7）有很多病毒是定期发作的。当病毒流行时，如果没有其他方法可以消除病毒，就要记得调整日期，以避开病毒发作日期。

2.4.6 一些常用的反病毒软件

常备一种或几种反病毒软件，对保证计算机系统的安全是非常必要的。目前市场上有很多反病毒软件，下面介绍几种比较著名的反病毒软件。购买这些软件的用户可以通过电话得到技术支持，也可以在网上得到技术支持和软件升级服务。

1．瑞星杀毒软件

瑞星杀毒软件（Rising Anti-virus，RAV）采用获得欧盟及中国专利的六项核心技术，形成全新软件内核代码；具有八大绝技和多种应用特性；是目前国内外同类产品中最具实用价值和安全保障的杀毒软件产品。

2．360 安全卫士

360 安全卫士是一款由奇虎 360 公司推出的功能强、效果好、受用户欢迎的上网安全软件。360 安全卫士拥有查杀木马、清理插件、修复漏洞、计算机体检、计算机救援、保护隐私等多种功能，并独创了"木马防火墙"功能，依靠抢先侦测和云端鉴别，可全面、智能地拦截各类木马，保护用户的账号、隐私等重要信息。由于 360 安全卫士使用极其方便实用，用户口碑极佳，目前在 4.2 亿中国网民中，首选安装 360 安全卫士的已超过 3.5 亿。

3．金山毒霸

金山毒霸（Kingsoft Antivirus）是中国著名的反病毒软件，从 1999 年发布最初版本至 2010 年由金山软件开发及发行，之后在 2010 年 11 月，金山软件旗下安全部门与可牛合并后由合并的新公司金山网络全权管理。金山毒霸融合了启发式搜索、代码分析、虚拟机查毒等经业界证明成熟可靠的反病毒技术，使其在查杀病毒种类、查杀病毒速度、未知病毒防治等多方面达到世界先进水平，同时金山毒霸具有病毒防火墙实时监控、压缩文件查毒、查杀电子邮件病毒等多项先进的功能，紧随世界反病毒技术的发展，为个人用户和企事业单位提供完善的反病毒解决方案。从 2010 年 11 月 10 日 15 点 30 分起，金山毒霸（个人简体中文版）的杀毒功能和升级服务永久免费。2014 年 3 月 7 日，金山毒霸发布新版本，增加了定制的 XP 防护盾，在 2014 年 4 月 8 日 Microsoft 停止对 Windows XP 的技术支持之后，继续保护 XP 用户的安全。

2.5 小结

本章主要介绍了计算机的基础知识，包括计算机的发展、类型及其应用领域，计算机中数据的表示、存储与处理，多媒体技术的概念与应用，计算机病毒的概念、特征、分类与防治。通过本章的学习，读者可以对计算机的基础知识有初步的了解，这也为更进一步学习计算机其他方面的知识打下良好的基础。

第 3 章
计算机系统

Intel 创始人之一的摩尔曾提出——处理器芯片的电路密度以及它潜在的计算能力，每隔 18 个月翻一番。对于硬件的发展，编者认为也应该如此概括，而且随着时代的发展，这个翻一番的速度会逐渐加快。硬件的发展趋势是处理器的运算速度越来越快，内存和外存的容量越来越大，其他硬件的功能越来越强大。编者相信，硬件的发展是没有止境的，只有想不到，没有做不到。硬件是计算机的基础，硬件发展起来了，计算机也会发展。计算机的未来谁也不能做出限制。就像 DOS 时代的比尔·盖茨说："对于任何人来说，640KB 的内存已经足够了"，可现实给了比尔·盖茨一个响亮的耳光，现在的内存已经达到了 4GB 而且没有停止发展的迹象。

对于未来，无限期待。

3.1 计算机硬件系统

计算机系统是由硬件系统和软件系统组成的。硬件是指计算机中"看得见"、"摸得着"的所有物理设备；软件则是指挥计算机运行的各种程序的总和。

硬件系统主要包括计算机的主机和外部设备，软件系统主要包括系统软件和应用软件。

3.1.1 CPU

CPU（central processing unit）即中央处理器，是一块超大规模的集成电路，是计算机的运算核心和控制核心。CPU 主要包括（算术和逻辑）运算器（arithmetic and logic unit,ALU）和控制器（control unit, CU）两大部件。此外，还包括若干寄存器和高速缓冲存储器及实现它们之间联系的数据、控制和状态的总线。它与内部存储器、输入/输出设备合称为电子计算机三大核心部件。

计算机的性能在很大程度上由 CPU 的性能决定，而 CPU 的性能主要体现在其运行程序的速度上。影响运行速度的性能指标包括 CPU 的工作频率、Cache 容量、指令系统和逻辑结构等参数。

1．主频

主频也叫时钟频率，单位是兆赫兹（MHz）或千兆赫兹（GHz），用来表示 CPU 的运算、处理数据的速度。通常，主频越高，CPU 处理数据的速度就越快。

CPU 的主频=外频×倍频系数。主频和实际的运算速度存在一定的关系，但并不是简单的线性关系。因此，CPU 的主频与 CPU 实际的运算能力是没有直接关系的，主频表示在 CPU 内数字脉冲信号震荡的速度。在 Intel 的处理器产品中，也可以看到这样的例子：1 GHz Itanium 芯片能够表现得与 2.66 GHz 差不多。至强（Xeon）/Opteron 一样快，或是 1.5 GHz Itanium 2 大约与 4 GHz Xeon/Opteron 一样快。CPU 的运算速度还要看 CPU 的流水线、总线等各方面的性能指标。

2．外频

外频是 CPU 的基准频率，单位是 MHz。CPU 的外频决定整块主板的运行速度。通俗地说，在台式机中，所说的超频，都是超 CPU 的外频（当然一般情况下，CPU 的倍频都是被锁住的）。但对于服务器 CPU 来说，超频是绝对不允许的。前面说到 CPU 决定主板的运行速度，两者是同步运行的，如果把服务器 CPU 超频了，改变了外频，则会产生异步运行，台式机的很多主板都支持异步运行，这样会造成整个服务器系统不稳定。

在绝大部分计算机系统中，外频与主板前端总线的速度不是同步的，而外频与前端总线（FSB）频率又很容易混为一谈。

3．总线频率

前端总线（FSB）是将 CPU 连接到北桥芯片的总线。前端总线频率（即总线频率）直接影响 CPU 与内存直接数据交换的速度。数据带宽=（总线频率×数据位宽）/8，数据传输最大带宽取决于所有同时传输数据的宽度和传输频率。

外频与前端总线（FSB）频率的区别是：前端总线的速度是指数据传输的速度，外频是 CPU 与主板之间同步运行的速度。也就是说，100MHz 外频特指数字脉冲信号在每秒钟震荡一亿次；而 100MHz 前端总线是指每秒钟 CPU 可接受的数据传输量是 100MHz×64bit÷8bit/Byte=800MB/s。

4．倍频系数

倍频系数是指 CPU 主频与外频之间的相对比例关系。在相同的外频下，倍频越高，CPU 的频率也越高。但实际上，在相同外频的前提下，高倍频的 CPU 本身意义并不大。这是因为 CPU 与系统之间的数据传输速度是有限的，一味追求高主频而得到高倍频的 CPU 会出现明显的"瓶颈"效应——CPU 从系统中得到数据的极限速度不能够满足 CPU 运算的速度。一般除了工程样版的 Intel 的 CPU 外，其他 CPU 都是锁住倍频的，少量的 CPU，如 Intel 酷睿 2 核心的奔腾双核 E6500K 和一些至尊版的 CPU 不锁倍频，而 AMD 之前都没有锁，AMD 推出了黑盒版 CPU，即不锁倍频版本，用户可以自由调节倍频，调节倍频的超频方式比调节外频稳定得多。

5．缓存

缓存大小也是 CPU 的重要指标之一，而且缓存的结构和大小对 CPU 速度的影响非常大，CPU 缓存的运行频率极高，一般是和处理器同频运作，工作效率远远大于系统内存和硬盘。实际工作时，CPU 往往需要重复读取同样的数据块，而缓存容量的增大，可以大幅度提升 CPU 内部读取数据的命中率，而不用再到内存或者硬盘上寻找，以此提高系统性能。但是考虑 CPU 芯片面积和成本的因素，缓存都很小。

L1 Cache（一级缓存）是 CPU 第一层高速缓存，分为数据缓存和指令缓存。L2 Cache（二级缓存）是 CPU 的第二层高速缓存，分为内部和外部两种芯片。还包括 L3 Cache（三级缓存）。

3.1.2　存储器

存储器（memory）是计算机系统中的记忆设备，用来存放程序和数据。计算机中的全部信息，包括输入的原始数据、计算机程序、中间运行结果和最终运行结果都保存在存储器中。它根据控制器指定的位置存入和取出信息。有了存储器，计算机才有记忆功能，才能保证其正常工作。

按用途的不同，可将存储器分为主存储器（内存）和辅助存储器（外存），也可称为外部存储器和内部存储器。外存通常是磁性介质或光盘等，能长期保存信息。内存是指主板上的存储部件，用来存放当前正在执行的数据和程序，但仅用于暂时存放程序和数据，关闭电源或断电时，内存中的数据会丢失。

1．内存

内存可分为两类。一类是只能读不能写的只读存储器（read only memory，ROM），保存的是计算机最重要的程序或数据，由厂家在生产时用专门设备写入，用户无法修改，只能读出数据来使用。在关闭计算机后，ROM 存储的数据和程序不会丢失。另一类是既可读又可写的随机存取存储器（random access memory，RAM）。在关闭计算机后，随机存储器的数据和程序就被清除。通常说的"主存储器"或"内存"一般是指随机存储器。

内存是 CPU 可通过总线寻址，并进行读写操作的计算机部件。用户通常所说的计算机内存（RAM）的大小，即是指内存的总容量。目前市场上主流内存的容量在 4GB。

2．外存

外存是指除计算机内存及 CPU 缓存以外的储存器，此类储存器一般断电后仍然能保存数据。常见的外存储器有硬盘、光盘、U 盘等。

（1）硬盘。

- 容量，通常是指硬盘的总容量，一般硬盘厂商定义的单位 1GB=1000MB，而系统定义的 1GB=1024MB，所以会出现硬盘上的标称值大于格式化容量的情况，这算业界惯例，属于正常情况。

- 单碟容量，是指一张碟片所能存储的字节数，现在硬盘的单碟容量一般都在 20GB 以上。随着硬盘单碟容量的增大，硬盘的总容量已经可以实现上百 GB 甚至几 TB 了。

- 转速，是指硬盘内电机主轴的转动速度，单位是 RPM（每分钟旋转次数）。转速是决定硬盘内部传输率的决定因素之一，它的快慢在很大程度上决定了硬盘的速度，同时也是区分硬盘档次的重要标准。目前一般的硬盘转速为每分钟 5 400 转和 7 200 转，最高的转速则可达到每分钟 10 000 转以上。

- 最高内部传输速率，是指硬盘外圈的传输速率，是指磁头和高速数据缓存之间的最高数据传输速率，单位为 Mbit/s。最高内部传输速率的性能与硬盘转速以及盘片存储密度（单碟容量）有直接的关系。
- 平均寻道时间，是指硬盘磁头移动到数据所在磁道时所用的时间，单位为毫秒（ms），现在硬盘的平均寻道时间一般低于 9ms。平均寻道时间越短，硬盘读取数据的能力就越高。

（2）U 盘。

- 理论数据读取速率为 18Mbit/s。
- 理论数据写入速率为 17Mbit/s。
- 无须安装驱动程序（Windows 98 操作系统下除外）。
- 无需额外电源，只从 USB 总线取电。
- 容量大、品种多。
- 可带写保护开关，防止文件被恶意删除，防止病毒写入。
- LED 指示灯指示工作状态。
- 体积小，重量轻，大约 20g。

3.1.3 输入设备

输入设备（input device）是向计算机输入数据和信息的设备，是用户和计算机系统之间进行信息交换的主要装置之一。计算机能够接收各种各样的数据，既可以是数值型的数据，也可以是各种非数值型的数据，如图形、图像、声音等。

计算机的输入设备按功能可分为以下几类。

字符输入设备：键盘。

光学阅读设备：光学标记阅读机、光学字符阅读机。

图形输入设备：鼠标器、操纵杆、光笔。

图像输入设备：摄像机、扫描仪、传真机。

模拟输入设备：语言模数转换识别系统。

3.1.4 输出设备

输出设备（output device）是计算机的终端设备，用于接收计算机数据的输出显示、打印、音频、控制外围设备的操作等，也是把各种计算结果数据或信息以数字、字符、图像、声音等形式表示出来的设备。常见的输出设备有显示器、打印机、绘图仪、影像输出系统、语音输出系统、磁记录设备等。

1．显示器

显示器（display）又称监视器，是实现人机对话的主要工具．它既可以显示键盘输入的命令或数据，也可以显示计算机数据处理的结果。

常用的显示器主要有两种类型，一种是阴极射线管（cathode ray tube，CRT）显示器，用于一般的台式微机；另一种是液晶（liquid crystal display，LCD）显示器，用于便携式微机。

CRT 显示器按显示颜色不同，可以分为单色（黑白）显示器和彩色显示器。

彩色显示器又称图形显示器。它有两种基本工作方式：字符方式和图形方式。在字符方式下，显示内容以标准字符为单位，字符的字形由点阵构成，字符点阵存放在字形发生器中。

在图形方式下，显示内容以像素为单位，屏幕上的每个点（像素）均可由程序控制其亮度和颜色，因此能显示出较高质量的图形或图像。

显示器的分辨率分为高、中、低 3 种。分辨率的指标是用屏幕上每行的像素数与每帧（每个屏幕画面）行数的乘积表示的。乘积越大，也就是像素点越小，数量越多，分辨率就越高，图形就越清晰美观。

2．显示器适配器

显示器适配器又称显示器控制器，是显示器与主机的接口部件，以硬件插卡的形式插在主机板上。显示器的分辨率不仅决定于阴极射线管本身，也与显示器适配器的逻辑电路有关。

常用的适配器有以下几种。

（1）CGA（Color Graphic Adapter）彩色图形适配器，俗称 CGA 卡，适用于低分辨率的彩色和单色显示器。它支持的显示方式有以下几种。

字符方式下，40 列×25 行，80 列×25 行，4 色或 2 色。

图形方式下，分辨率为 320 像素×200 像素，4 色；640 像素×200 像素，2 色。

（2）EGA（Enhanced Graphic Adapter）增强型图形适配器，俗称 EGA 卡，适用于中分辨率的彩色图形显示器。它支持的显示方式有以下几种。

字符方式下，80×25 列，256 色。

图形方式下，分辨率为 640 像素×350 像素，16 色。

超级 EGA 卡，分辨率为支持 800 像素×600 像素，16 色。

（3）VGA（Video Graphic Array）视频图形阵列，俗称 VGA 卡，适用于高分辨率的彩色图形显示器。标准的分辨率为 640 像素×480 像素，256 色。使用的多是增强型的 VGA 卡，如 Super VGA 卡等，分辨率为 800 像素×600 像素，1024 像素×768 像素等，256 色。

（4）中文显示器适配器。

中国在开发汉字系统过程中，研制了一些支持汉字的显示器适配器，如 GW-104 卡、CEGA 卡、CVGA 卡等，解决了汉字的快速显示问题。

3.1.5　计算机体系结构

计算机体系结构（computer architecture）是程序员所看到的计算机的属性，即概念性结构与功能特性。按照计算机系统的多级层次结构，不同级程序员所看到的计算机具有不同的属性。一般来说，低级机器的属性对于高层机器程序员基本是透明的，通常所说的计算机体系结构主要是指机器语言级机器的系统结构。关于"计算机体系结构（computer architecture）"经典的定义是 1964 年 C・M・Amdahl 在介绍 IBM 360 系统时提出的，其具体描述为"计算机体系结构是程序员所看到的计算机的属性，即概念性结构与功能特性"。计算机有如下 8 种属性。

（1）机内数据表示：硬件能直接辨识和操作的数据类型和格式。

（2）寻址方式：最小可寻址单位、寻址方式的种类、地址运算。

（3）寄存器组织：操作寄存器、变址寄存器、控制寄存器及专用寄存器的定义、数量和使用规则。

（4）指令系统：机器指令的操作类型、格式、指令间排序和控制机构。

（5）存储系统：最小编址单位、编址方式、主存容量、最大可编址空间。

（6）中断机构：中断类型、中断级别，以及中断响应方式等。

（7）输入输出结构：输入输出的连接方式、处理机/存储器与输入输出设备间的数据交换方式、数据交换过程的控制。

（8）信息保护：信息保护方式、硬件信息保护机制。

3.2 计算机软件系统

3.2.1 计算机软件

1. 软件的概念

计算机软件（computer software）是指计算机系统中的程序、数据及其文档。程序是计算任务的处理对象和处理规则的描述；文档是为了便于了解程序而创建的阐明性资料。程序必须装入机器内部才能工作，文档一般是给人看的，不一定装入机器。

软件是用户与硬件之间的接口界面。用户主要是通过软件与计算机进行交流。软件是计算机系统设计的重要依据。为了方便用户和使计算机系统具有较高的总体效用，在设计计算机系统时，必须通盘考虑软件与硬件的结合以及用户的要求、软件的要求。

2. 软件的特点

（1）计算机软件与文学作品的实现目标不同。计算机软件多用于某种特定目的，如控制一定的生产过程，使计算机自动完成某些工作；文学作品则是为了阅读欣赏，满足人们精神文化生活需要。

（2）要求法律保护的侧重点不同。计算机软件要求保护其内容。

（3）计算机软件语言与文学作品语言不同。计算机软件语言是一种符号化、形式化的语言，其表现力十分有限；文字作品则是人类的自然语言，其表现力十分丰富。

（4）计算机软件可援引多种法律保护，文字作品则只能援引著作权法。

3.2.2 软件系统分类

计算机软件总体分为系统软件和应用软件两大类。

系统软件是各类操作系统，如 Windows、Linux、UNIX 等，还包括操作系统的补丁程序及硬件驱动程序，都属于系统软件类。

应用软件可以细分的种类就更多了，如工具软件、游戏软件、管理软件等都属于应用软件类。

1. 系统软件

系统软件负责管理计算机系统中各种独立的硬件，使得它们可以协调工作。系统软件使得计算机使用者和其他软件将计算机当作一个整体而不需要顾及到底层每个硬件的工作情况。

一般来讲，系统软件包括操作系统和一系列基本的工具，如编译器、数据库管理、存储器格式化、文件系统管理、用户身份验证、驱动管理、网络连接等方面的工具。

2. 应用软件

应用软件是为了某种特定的用途而开发的软件。它可以是一个特定的程序，如图像浏览器，也可以是一组功能联系紧密，可以互相协作的程序的集合，如 Microsoft 的 Office 组件，还可以是一个由众多独立程序组成的庞大的软件系统，如数据库管理系统。

比较常见的应用软件包括文字处理软件，如 WPS、Word 等；信息管理软件；辅助设计软件，如 AutoCAD；实时控制软件；教育与娱乐软件等。

3.3　操作系统

3.3.1　操作系统的概念

操作系统（operating system，OS）是管理和控制计算机硬件与软件资源的计算机程序，是直接运行在"裸机"上的最基本的系统软件，任何其他软件都必须在操作系统的支持下才能运行。

操作系统是用户和计算机的接口，同时也是计算机硬件和其他软件的接口。操作系统的功能包括管理计算机系统的硬件、软件及数据资源，控制程序运行，改善人机界面，为其他应用软件提供支持等，使计算机系统所有资源最大限度地发挥作用，提供各种形式的用户界面，使用户有一个好的工作环境，为其他软件的开发提供必要的服务和相应的接口。

操作系统的种类相当多，各种设备安装的操作系统从简单到复杂，可分为智能卡操作系统、实时操作系统、传感器节点操作系统、嵌入式操作系统、个人计算机操作系统、多处理器操作系统、网络操作系统和大型机操作系统。

按应用领域的不同可划分为：桌面操作系统、服务器操作系统和嵌入式操作系统。

操作系统理论研究者有时把操作系统分成四大部分：驱动程序、内核、接口库和外围。

- 驱动程序：最底层的、直接控制和监视各类硬件的部分，它们的职责是隐藏硬件的具体细节，并向其他部分提供一个抽象的、通用的接口。
- 内核：操作系统内核部分，通常运行在最高特权级，负责提供基础性、结构性的功能。
- 接口库：是一系列特殊的程序库，它们负责把系统提供的基本服务包装成应用程序所能够使用的编程接口（API），是最靠近应用程序的部分。
- 外围：是指操作系统中除以上3类以外的所有其他部分，通常是用于提供特定高级服务的部件。

3.3.2　操作系统的功能

操作系统的主要功能是资源管理、程序控制和人机交互等。

计算机系统的资源可分为设备资源和信息资源两大类。设备资源是指组成计算机的硬件设备，如中央处理器，主存储器、磁盘存储器、打印机、磁带存储器、显示器、键盘输入设备和鼠标等。信息资源是指存放于计算机内的各种数据，如文件、程序库、知识库、系统软件和应用软件等。

操作系统位于底层硬件与用户之间，是两者沟通的桥梁。用户可以通过操作系统的用户界面，输入相应命令。操作系统则对命令进行解释，驱动硬件设备，实现用户要求。以现代观点而言，一个标准个人计算机的 OS 应该提供以下功能。

- 进程管理（processing management）。
- 内存管理（memory management）。
- 文件系统（file system）。
- 网络通信（networking）。
- 安全机制（security）。
- 用户界面（user interface）。
- 设备程序（device drivers）。
- 资源管理（resource management）。

1．进程管理

不管是常驻程序，还是应用程序，都以进程作为标准的执行单位。当年运用冯·诺依曼架构建造计算机时，每个中央处理器最多只能同时执行一个进程。早期的 OS（如 DOS）也不允许任何程序打破这个限制，且 DOS 同时只能执行一个进程。现代的操作系统，即使只拥有一个 CPU，也可以利用多进程（multitask）功能同时执行复数进程。进程管理是指操作系统调整复数进程的功能。

由于大部分的计算机只包含一个中央处理器，在单内核（core）的情况下，多进程只是简单迅速地切换各进程，让每个进程都能够执行，在多内核或多处理器的情况下，所有进程通过许多协同技术在各处理器或内核上转换。越多进程同时执行，每个进程能分配到的时间比率就越小。很多 OS 在遇到此问题时会出现诸如音效断续或鼠标跳格的情况（称作崩溃（thrashing），一种 OS 只能不停执行自己的管理程序并耗尽系统资源的状态，其他使用者或硬件的程序皆无法执行）。进程管理通常实现了分时的概念，大部分的 OS 可以利用指定不同的特权等级（priority），为每个进程改变所占的分时比例。特权越高的进程，执行优先级越高，单位时间内占的比例也越高。交互式 OS 也提供某种程度的回馈机制，让直接与使用者交互的进程拥有较高的特权值。

2．内存管理

根据帕金森定律："给程序再多内存，程序也会想尽办法耗光"，因此程序员通常希望系统给他无限量且无限快的存储器。大部分现代计算机存储器的架构都是层次结构式的，最快且数量最少的暂存器为首，然后是高速缓存、存储器以及最慢的磁盘存储设备。而操作系统的存储器管理提供查找可用的记忆空间、配置与释放记忆空间以及交换存储器和低速存储设备的内含物等功能。此类又被称作虚拟内存管理的功能大幅增加每个进程可获得的记忆空间，然而这也带来了微幅降低运行效率的缺点，严重时甚至会导致进程崩溃。

3.3.3 操作系统的分类

1．应用领域

按应用领域，操作系统可分为桌面操作系统、服务器操作系统、嵌入式操作系统。

2．所支持的用户数目

按所支持的用户数目，操作系统可分为单用户操作系统（如 MS DOS）、多用户操作系统（如 UNIX、Linux、MVS）。

3．源码开放程度

按源码开发程序，操作系统可分为开源操作系统（如 Linux、FreeBSD）和闭源操作系统（如 Mac OS X、Windows）。

4．硬件结构

按硬件结构不同，操作系统可分为网络操作系统（Netware、Windows NT、OS/2 warp）、多媒体操作系统和分布式操作系统等。

5．操作系统环境

按操作系统环境不同，操作系统可分为批处理操作系统、分时操作系统（如 Linux、UNIX、XENIX、Mac OS X）、实时操作系统（如 RT Windows）。

3.3.4　典型操作系统

1．UNIX

UNIX 是一个强大的多用户、多任务操作系统，支持多种处理器架构，按照操作系统的分类，属于分时操作系统。UNIX 最早由 Ken Thompson 和 Dennis Ritchie 于 1969 年在美国 AT&T 的贝尔实验室开发。

类 UNIX（UNIX-like）操作系统是指各种传统的 UNIX（如 System V、BSD、FreeBSD、OpenBSD、SUN 公司的 Solaris）以及各种与传统 UNIX 类似的系统（如 Minix、Linux、QNX 等）。它们虽然有的是自由软件，有的是商业软件，但都相当程度地继承了原始 UNIX 的特性，有许多相似处。由于 UNIX 是 The Open Group 的注册商标，特指遵守此公司定义的行为的操作系统。而类 UNIX 通常是指比原先的 UNIX 包含更多特征的操作系统。类 UNIX 系统可在非常多的处理器架构下运行，在服务器系统上有很高的使用率，如大专院校或工程应用的工作站。

2．Linux

基于 Linux 的操作系统是 1991 年推出的一个多用户、多任务的操作系统。它与 UNIX 完全兼容。Linux 最初是由芬兰赫尔辛基大学计算机系学生 Linus Torvalds 在基于 UNIX 的基础上开发的一个操作系统的内核程序，Linux 的设计是为了在 Intel 微处理器上更有效地运用。其后在理查德·斯托曼的建议下，以 GNU 通用公共许可证发布，成为自由软件 UNIX 的变种。它的最大特点在于它是一个源代码公开的自由及开放源码的操作系统，其内核源代码可以自由传播。

Linux 有各类发行版，通常为 GNU/Linux 等。Linux 发行版作为个人计算机操作系统或服务器操作系统，在服务器上已成为主流的操作系统。Linux 在嵌入式方面也得到广泛应用，基于 Linux 内核的 Android 操作系统已经成为当今全球最流行的智能手机操作系统。

3．Mac OS X

Mac OS X 是苹果麦金塔计算机操作系统软件——Mac OS 的最新版本。Mac OS 是一套运行于苹果 Macintosh 系列计算机上的操作系统，它是首个在商用领域成功应用的图形用户界面。Mac OS X 于 2001 年首次在商场上推出。

4．Windows

Windows 是有 Microsoft 公司成功开发的操作系统。Windows 是一个多任务的操作系统，采用图形窗口界面，用户对计算机的各种复杂操作只需通过单击鼠标就可以实现。

Microsoft Windows 系列操作系统是在 Microsoft 给 IBM 机器设计的 MS-DOS 的基础上设计的图形操作系统。Windows 可以在 32 位和 64 位的 Intel 和 AMD 处理器上运行。Microsoft 花费了很大的研究与开发经费用于使 Windows 拥有能运行企业大型程序的能力。

Windows XP 在 2001 年 10 月 25 日发布，2004 年 8 月 24 日发布服务包 SP 2，2008 年 4 月 21 日发布最新的服务包 3。Microsoft 前一款操作系统 Windows Vista（开发代码为 Longhorn）于 2007 年 1 月 30 日发售。Windows Vista 比 Windows XP 增加了许多功能，尤其是系统的安全性和网络管理功能，并且拥有界面华丽的 Aero Glass。但就整体而言，其在全球市场上的口碑却并不是很好。而最新的 Windows 8 操作系统于 2012 年 10 月正式推出，Microsoft 自称触摸革命即将开始。Windows 8 界面如图 3-1 所示。

图 3-1　Windows 8 界面

5．iOS

iOS 操作系统是由苹果公司开发的手持设备操作系统。苹果公司最早于 2007 年 1 月 9 日的 Macworld 大会上公布这个系统，最初是设计给 iPhone 使用的，后来陆续套用到 iPod touch、iPad 以及 Apple TV 等苹果产品上。iOS 与苹果的 Mac OS X 操作系统同样属于类 UNIX 的商业操作系统。原本这个系统名为 iPhone OS，直到 2010 年 6 月 7 日 WWDC 大会上宣布改名为 iOS。截至 2011 年 11 月，根据 Canalys 的数据显示，iOS 已经占据了全球智能手机系统市场份额的 30%，在美国的市场占有率为 43%。iOS 6 用户界面如图 3-2 所示。

6．Android

Android 是一种以 Linux 为基础的开放源代码操作系统，主要使用于便携设备。尚未有统一中文名称，较多人使用"安卓"或"安致"这个名称。Android 操作系统最初由 Andy Rubin 开发，最初主要支持手机。2005 年由 Google 收购注资，并组建开放手机联盟开发改良，逐渐扩展到平板计算机及其他领域上。2011 年第一季度，Android 在全球的市场份额首次超过塞班系统，跃居全球第一。2012 年 11 月数据显示，Android 占据全球智能手机操作系统市场 76% 的份额，中国市场占有率为 90%。Android 4.2 用户界面如图 3-3 所示。

图 3-2　iOS 6 用户界面

图 3-3　Android 4.2 用户界面

7．Chrome OS

Chrome OS 是由 Google 开发的一款基于 Linux 的操作系统，发展出与互联网紧密结合的云操作系统，工作时运行 Web 应用程序。Google 在 2009 年 7 月 7 日发布该操作系统，在 2009 年 11 月 19 日以 Chromium OS 之名推出相应的开源项目，并将 Chromium OS 代码开源。与开源的 Chromium OS 不同的是，已编译好的 Chrome OS 只能用在与 Google 合作的制造商的特定硬件上。

3.4　Windows 7 操作系统

3.4.1　走近 Windows 7

Windows 7 是由 Microsoft 公司开发的操作系统，核心版本号为 Windows NT 6.1。Windows 7 可供家庭及商业工作环境、笔记本计算机、平板计算机、多媒体中心等使用。2009 年 7 月 14 日，Windows 7 RTM 正式上线，2009 年 10 月 22 日，Microsoft 在美国正式发布 Windows 7，2009 年 10 月 23 日 Microsoft 在中国正式发布 Windows 7。Windows 7 主流支持服务过期时间为 2015 年 1 月 13 日，扩展支持服务过期时间为 2020 年 1 月 14 日。Windows 7 延续了 Windows Vista 的 Aero 1.0 风格，并且更胜一筹。

Windows 7 同时也发布了服务器版本——Windows Server 2008 R2。

2011 年 2 月 23 日凌晨，Microsoft 面向大众用户正式发布了 Windows 7 升级补丁——Windows 7 SP1，另外还包括 Windows Server 2008 R2 SP1 升级补丁。

1．推荐配置

CPU 要求 2 GHz 及以上的多核处理器。

Windows 7 包括 32 位及 64 位两种版本，安装 64 位操作系统必须使用 64 位处理器。

内存要求 2GB 及以上，最低允许 1GB。

硬盘要求 20GB 以上可用空间，不要低于 16GB。

显卡要求有 WDDM 1.0 驱动的支持 DirectX 9 以上级别的独立显卡。

其他硬件有 DVD R/RW 驱动器或者 U 盘等其他储存介质。

需在线激活或电话激活。

Windows 7（32 位版本）的硬件需求与 Windows Vista Premium Ready PC 等级相同，但 64 位版的硬件需求相当高。

2．安装方法

（1）方法一。

① 购买 Windows 7（家庭普通版、家庭高级版、专业版或旗舰版）。

② 在 Windows 系统下，在光驱中放入 Windows 7 光盘，运行 SETUP.EXE，选择"安装 Windows"。

③ 输入在购买 Windows 7 时得到的产品密钥（一般在光盘上找）。

④接受许可条款。

⑤ 选择"自定义"或"升级"。

⑥ 如果选择"自定义"，则选择安装的盘符，如选择 C 盘，会提示将原系统移动至 windows.old 文件夹，确定即可；如果选择"升级"，则跳过此步骤。另外，安装在 C 盘外的其他盘会使计算机变成双系统。

⑦ 到"正在展开 Windows 文件"这一阶段会重启，重启后继续安装并在"正在安装更新"这一阶段再次重启；如果是光盘用户，则会在"正在安装更新"这一阶段重启一次。

⑧ 完成安装。

（2）方法二。

① 按方法一的步骤①进行。

② 在 BIOS 中设置光驱启动，选择第一项，即可自动安装到硬盘第一分区。对于有隐藏分区的品牌计算机建议手动安装。

③ 按方法一的步骤③～步骤④进行。

④ 选择安装盘符，如 C 盘，选择后如果已经备份个人数据，则建议单击"格式化安装"。

⑤ 开始安装至完成安装。

3.4.2 设置 Windows 7

1．桌面

初次看过 Windows 7 的桌面后，用户会感到它竟是如此梦幻，带给用户的体验绝对是前所未有的。

启动 Windows 7 后，出现的桌面如图 3-4 所示，主要包括桌面图标、桌面图标和任务栏。

图 3-4　Windows 7 桌面

（1）桌面快捷菜单。试一试在桌面上单击鼠标右键，看一看右键菜单的变化，进一步体验 Windows 7 给用户的初步印象，如图 3-5 所示。Windows 7 的桌面右键菜单内容更加丰富，带有图标显示的选项也更加美观，符合桌面的整体风格。

图 3-5　Windows 7 的桌面右键菜单

在右键菜单中，有关于桌面的一些功能被更加直观地添加到其中，如屏幕分辨率的调整和桌面个性化选项，便于用户容易地找到这些设置，随时对桌面外观进行更改。单击"屏幕分辨率"后，可直接到达设置屏幕分辨率的控制面板选项中，如图 3-6 所示，通过拖动滑动条来改变当前桌面的分辨率设置。

如果在快捷菜单中选择"个性化"选项，则有比 Windows XP 丰富得多的桌面外观设置。

图 3-6 设置屏幕分辨率

（2）桌面图标的显示。在默认状态下，Windows 7 安装之后桌面上只保留了回收站的图标，那么如何找回桌面上的"我的计算机"、"我的文档"图标呢？非常简单，在桌面快捷菜单中单击"个性化"选项，在弹出的设置窗口中单击左侧的"更改桌面图标"，如图 3-7 所示，打开"桌面图标设置"对话框。在 Windows 7 中，Windows XP 系统下"我的电脑"和"我的文档"已相应改名为"计算机"、"用户的文件"，因此选中对应的复选框，桌面便会重现这些图标了。

图 3-7 设置桌面图标

（3）桌面大图标。在桌面上单击鼠标右键，选中"查看"→"大图标"选项，如图 3-8 所示，就可以在桌面看到的 128 像素×128 像素的大图标效果。

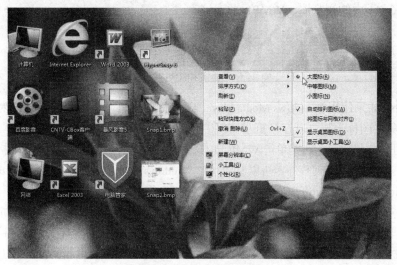

图 3-8　显示桌面的大图标

（4）任务栏。任务栏是 Windows 7 的一大亮点。Windows 7 的任务栏基本保持了原有的结构，但却大有不同，如图 3-9 所示。在布局上，从左到右分别为"开始"按钮、活动任务以及通知区域（系统托盘），Windows 7 将快速启动按钮与活动任务结合在一起，它们之间没有明显的区域划分。

任务栏半透明的效果及不同的配色方案使其与各式桌面背景都可以天衣无缝。

任务栏处的"开始"按钮变成晶莹剔透的 Windows 标志圆球。

任务栏图标去除了文字的显示。

图 3-9　Windows 7 的任务栏

① Windows 7 默认会分组相似活动任务按钮，如果已经打开了多个资源管理器窗口，那么在任务栏中只会显示一个活动任务按钮，将鼠标指针移动到任务栏上的活动任务按钮上稍微停留，就可以方便地预览各个窗口的内容，如图 3-10 所示，单击即可进行窗口切换。

图 3-10　任务栏预览效果

② 如何分辨同一区域内快速启动按钮和活动任务按钮呢？正在运行的活动任务窗口的图标是凸起的（如图 3-11 中的 Word 文档图标），而普通的快速启动按钮则没有这样的凸起效果（如图 3-11 中的浏览器、WMP11 图标）。

图 3-11　识别不同的任务按钮

③ 此外，如果使用 Windows Media Player 11 来播放一首歌或者一段视频，然后将鼠标移动到它的任务栏图标上，可以在预览小窗口中看到一组播放控制按钮，包括暂停（播放）、快退、快进按钮。如果用鼠标右键单击 WMP 11 任务栏图标，可以看到更多功能的快捷菜单。这正是 Windows 7 的特色，任何程序都可以专门针对 Windows 7 进行开发后，拥有这样的功能。

④ Windows 7 的 "JumpLists" 新功能可以为每个程序提供快捷打开的方法，就像是 "最近使用的文档" 的功能，只要用鼠标右键单击任务栏中的图标，即可使用这个功能。图 3-12 中的资源管理器的 JumpLists 菜单中 "已固定" 组中有一个 "photo" 文件夹，那么这个文件夹是如何固定到这里的呢？只需将目标文件夹直接拖动到任务栏区域，会看到任务栏出现 "附加到 Windows 资源管理器" 的提示。事实上，向任务栏添加其他快速启动项目也是执行同样的操作。

图 3-12　全新的 JumpLists 功能

⑤ Windows 7 任务栏的通知区域（即系统托盘区域）有一点小的改变。默认状态下，大部分图标都是隐藏的，如果要让某个图标始终显示，只要单击通知区域的下拉按钮，选择 "自定义" 选项，在弹出的窗口中找到要设置的图标，选择 "显示图标和通知" 选项即可，如图 3-13 所示。

⑥ 在 Windows 7 中，过去熟悉的 "显示桌面" 选项已 "进化" 成 Windows 7 任务栏最右侧的一小块半透明区域。使用 "进化" 一词来描述是因为它的作用不仅仅是单击后即可显示桌面、最小化所有窗口，而是当鼠标指针移动到上面后，用户即可透视桌面上的所有东西，查看桌面的情况，而鼠标指针离开后即恢复原状。

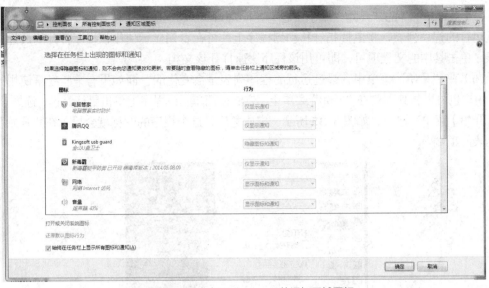

图 3-13 自定义 Windows 7 的通知区域图标

⑦ 任务栏的时钟区域延续了 Windows Vista 的多时钟功能,用户可以附加时钟来添加另外两个不同时区的时钟。

⑧"开始"菜单。事实上,在桌面的初体验中已经可以感受到开始菜单的变化——"开始"按钮从过去简单的按钮,变成晶莹剔透且带有动画效果的 Windows 图标圆球,单击"开始"按钮,会发现更多外观上的变化:梦幻的 Aero 效果、晶莹的关机按钮、美观的个人头像,当然还有协调的配色风格,如图 3-14 所示。

图 3-14 Windows 7 的"开始"菜单

不仅仅是外观,在易用性、功能等许多方面,Windows 7 的"开始"菜单也不断地变化,有许多新的使用方式、新的功能被融入其中。

（a）Windows 7 的"开始"菜单中也有"JumpLists"功能。单击"开始"按钮，看到的是最近运行的程序列表，将鼠标指针移动到程序上，可在右侧显示使用该程序打开的最近文档列表，单击其中的文档项目，即可用该程序快速打开该文档。

（b）在"开始"菜单中，最近运行的程序列表是会变化的，而如果有一些经常使用的程序，用户也可以将其固定在"开始"菜单上。方法很简单：在程序上单击鼠标右键，选择"附到【开始】菜单"选项，如图 3-15 所示。完成之后，这个程序的图标就会显示在"开始"菜单列表的顶端。

图 3-15　将程序快捷方式固定到"开始"菜单上

（c）单击"开始"菜单的"所有程序"选项，会发现 Windows 7"开始"菜单的程序列表放弃了 Windows XP 中层层递进的菜单模式，而直接将所有程序或文件夹显示出来,如图 3-16 所示。这样的变化虽然看似并不起眼，但在长期的使用中会感到它的确更加方便。

图 3-16　Windows 7"开始"菜单的程序列表

（d）在整个"开始"菜单显示中，"关机"按钮设计得非常精致，且通过单击右侧的三角扩展按钮，如图 3-17 所示，还可以选择让计算机"重启"、"注销"、进入"睡眠"状态或"锁定"状态，以便在临时离开计算机时，保护个人的信息。

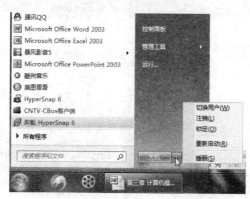

图 3-17　Windows 7 的关机按钮

（e）"开始"菜单下方的搜索框，可谓是 Windows 7 功能的一大"精华"，在其中依次输入字母"i"、"n"、"t"，如图 3-18 所示，会发现"开始"菜单中显示出相关的程序、控制面板项以及相关的文件，且搜索速度也颇为令人满意。

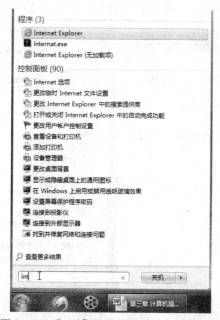

图 3-18　"开始"菜单中置入了强大的搜索框

（f）Windows 7 的"开始"菜单也可以进行一些自定义设置。如果担心"开始"菜单中的 JumpLists 功能会泄露隐私，那么可以在"开始"菜单上单击鼠标右键，进入"任务栏和「开始」菜单属性"对话框的"「开始」菜单"选项卡如图 3-19 所示，在"隐私"组中取消选择"存储并显示最近在「开始」菜单中打开的程序或项目。单击"自定义"按钮，打开"自定义「开始」菜单"对话框，可以设置"开始"菜单中图标的显示方式。例如，将"计算机"设置为"显示为菜单"后，回到"开始"菜单中，就可以看到如图 3-19 所示显示效果——"计算机"选项后多了二级菜单，可以直接进入各个分区。

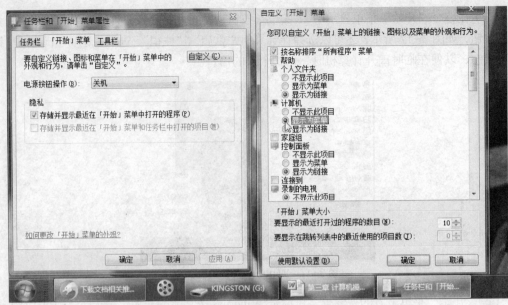

图 3-19　"自定义「开始」菜单"

（g）在"自定义「开始」菜单"对话框中，将滚动条拖到最下方，可以看到"运行命令"选项，如图 3-20 所示，选中它后，即可在"开始"菜单中重现"运行"选项。

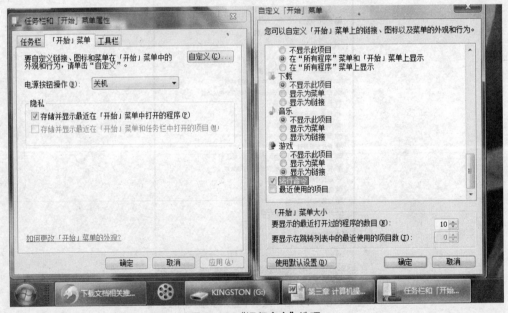

图 3-20　"运行命令"选项

（5）资源管理器。资源管理器是 Windows 操作系统提供的资源管理工具，是 Windows 的精华功能之一。用户可以通过资源管理器查看计算机上的所有资源，能够清晰、直观地对计算机上形形色色文件和文件夹进行管理。

Windows 7 的资源管理器如图 3-21 所示，左侧的列表、各类图标、地址栏、菜单栏等都与 Windows XP 有很大不同。

图 3-21　Windows 7 的资源管理器

① Windows 7 资源管理器左侧的列表区将整个计算机的资源被划分为五大类：收藏夹、库、家庭网组、计算机和网络，这与 Windows XP 及 Windows Vista 系统都有很大的不同，所有改变都是为了让用户更好地组织、管理及应用资源，使用户的操作更加高效。例如，在"收藏夹"类下的"最近访问的位置"中可以查看用户最近打开过的文件和系统功能，方便用户再次使用；在"网络"类中，用户可以直接在此快速组织和访问网络资源。

② Windows 7 资源管理器的地址栏采用"面包屑"的导航功能，单击某一层的下拉按钮，可以打开该层的文件夹列表，如图 3-22 所示。如果要复制当前的地址，只要在地址栏空白处单击，即可让地址栏以传统的方式显示，然后再完成复制的操作即可。

图 3-22　Windows 7 的地址栏采用"面包屑"导航

③ 在菜单栏方面，Windows 7 的组织方式发生了很大的变化或者说是简化，一些功能被直接作为顶级菜单置于菜单栏上，如新建文件夹功能，如图 3-23 所示。

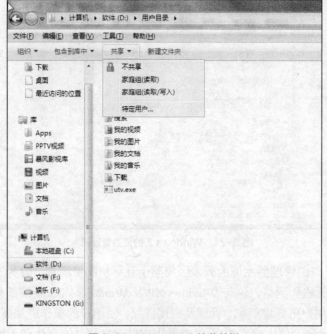

图 3-23　Windows 7 的菜单栏

④ 此外，Windows 7 不再显示工具栏，一些有必要保留的按钮则与菜单栏放置在同一行中。例如，视图模式的设置，单击菜单栏右侧的按钮，即可打开调节菜单，在多种模式之间调整，包括 Windows 7 特色的大图标、超大图标等模式，如图 3-24 所示。

图 3-24　Windows 7 的视图模式

⑤ 在地址栏的右侧，可以看到 Windows 7 的搜索框。在搜索框中输入搜索关键词后回车，立刻就可以在资源管理器中得到搜索结果，如图 3-25 所示，不仅搜索速度令人满意，且搜索过程的界面表现也很出色，包括搜索进度条、搜索结果条目显示等。搜索的下拉菜单会根据搜索历史显示自动完成的功能，此外支持两种搜索过滤条件（修改日期和大小），单击后即可进行设置，使用起来比以前更加人性化。

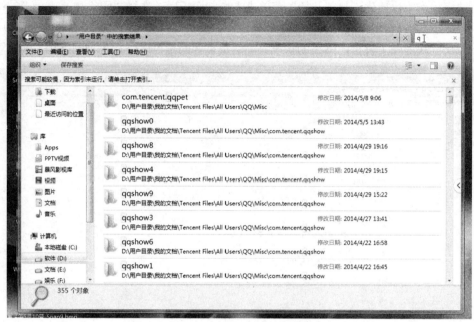

图 3-25　在资源管理器中使用搜索

⑥ Windows7 系统中添加了很多预览效果，不仅仅是预览图片，还可以预览文本文件、写字板文件、Word 文件、字体文件等，这些预览效果可以方便用户快速了解其内容。按 Alt+P 组合键或者单击菜单栏右侧的按钮（见图 3-26），即可隐藏或显示预览窗口。

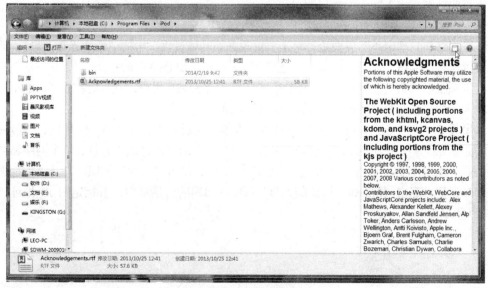

图 3-26　预览写字板文件

（6）网络连接。用户在计算机上安装新系统后，最重要的一件事就是让其可以连接到互联网。在 Windows 7 中，网络的连接变得更加容易、更易于操作，它将几乎所有与网络相关的向导和控制程序都聚合在"网络和共享中心"中，通过可视化的视图和单站式命令，可以轻松连接到网络。

① 有线网络的连接操作与过去在 Windows XP 中的操作大同小异，改变的仅仅是一些界面元素或者操作的快捷化。从"开始"菜单进入控制面板后，选择"网络和 Internet"→"网络和共享中心"，可看到带有可视化视图的界面，如图 3-27 所示。在这个界面中，用户可以通过形象化的映射图了解自己网络的状况，当然更重要的是可以进行各种网络相关的设置。

图 3-27　网络和共享中心

Windows 7 的安装会自动将网络协议等配置妥当，基本不需要用户手工介入，因此一般情况下只要把网线插入网卡的接口即可。

② 在 Windows 7 中建立拨号。

在"网络和共享中心"界面上，单击"更改您的网络设置"中的"新建连接向导"，然后在"设置连接或网络"对话框中单击"连接到 Internet"，如图 3-28 所示。

接下来根据网络类型完成余下步骤。小区宽带或者 ADSL 用户，一般选择"宽带（PPPoE）"，然后输入"用户名"和"密码"，单击"连接"按钮。

这里需要补充一点：Windows 7 默认是将本地连接设置为自动获取 IP 地址，一般使用 ADSL 或路由器等都无须修改，如果确实需要另行指定，则可通过以下方法：单击网络和共享中心中的"本地连接"，弹出"本地连接状态"对话框，单击"属性"按钮，打开"本地连接属性"对话框，双击"Internet 协议版本 4"可以在弹出的对话框中设置指定的 IP 地址，如图 3-29 所示。

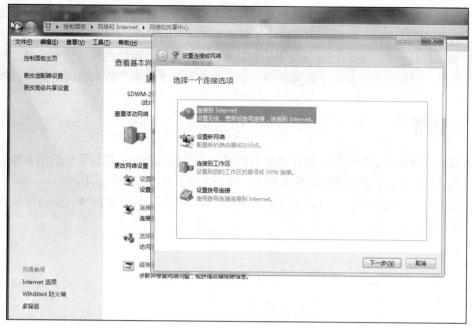

图 3-28 设置连接或网络

图 3-29 手工设置 IP 地址

③ 如果用户启用计算机的无线网卡后，单击任务栏系统区域网络连接图标，系统会自动搜索附近的无线网络信号，所有搜索到的可用无线网络会显示在上方的小窗口中。每一个无线网络信号都会显示其信号强弱。如果将鼠标指针移动到某个信号名称处，还可以查看更具体的信息，如名称、信号强度、安全类型等。如果某个网络是未加密的，则会在信号强弱图标左侧多一个带有感叹号的安全提醒标志。

单击需要连接的无线网络，然后单击"连接"按钮，弹出对话框，稍等片刻就可以开始网上冲浪了。如果要连接的是加密的网络，则需要在弹出的对话框中输入密码。

当无线网络连接上后，再次单击任务栏托盘上的网络连接图标，单击已连接的无线网络名称，选择"断开连接"按钮，即可轻松地断开无线网络的连接。

在 Windows 7 中，网络的连接变得更加简单，特别是无线网络的使用更加简便，相信大家都可以很轻松地在 Windows 7 连接网络，享受 Windows 7 为用户带来的网络使用新体验。

3.5　小结

本章主要介绍了计算机软、硬件系统的组成及主要技术指标，操作系统的基本概念、功能及分类，Windows 7 操作系统的基本概念、常用术语、基本操作和应用。

通过本章的学习，用户可以熟悉计算机的软、硬件系统，熟练掌握 Windows 7 操作系统的基本操作和应用。

第4章
Word 2010 基本应用

本章学习要点：

- Word 2010 的基本功能
- Word 2010 中文本、段落和页面格式的基本编辑操作
- Word 2010 中表格的编辑操作
- Word 2010 的图文混排操作

Microsoft 公司的 Office 系列软件是世界领先的桌面电子办公产品，包括 Word、Excel、PowerPoint、Outlook、Access 等应用软件。本章介绍的 Word 软件版本为 2010 版，它与过去的 2003 版相比，从操作界面到实现功能方面都有了很大的飞跃和完善，它与之前的 2007 版本相比也有一定程度的改进。Word 2010 可以帮助用户更好地创建、编写和完善文档，意在解决业务难题、提高生产效率和获得更好的展示效果。

Word 2010 的优势主要体现在排版上，它的排版能力对绝大多数需求而言，是充分而足够的。使用它可以很方便地做出大型文档所需要的每一项页面元素，此外，软件的易用性也几乎满足所有用户。例如，办公室文员可以使用 Word 编写各种文件和材料，程序员经常使用 Word 编写需求分析和软件设计等文档，学生可以用 Word 做笔记、制作求职简历等。

4.1　Word 2010 基础

4.1.1　Word 2010 的启动

一般来说，启动 Word 2010 的常用方法有以下 3 种。

（1）单击桌面下方任务栏左端的"开始"按钮，选择"所有程序"→"Microsoft Office"→"Microsoft Word 2010"命令。

（2）如果桌面上有 Word 2010 的快捷图标 ，可双击该图标启动程序。

（3）在任意文件夹中找到图标为 ▣ 的文件，其扩展名为".docx"或".doc"，可双击该文件，在打开 Word 程序的同时也打开了该文档文件。

4.1.2　Word 2010 操作界面

启动 Word 2010 后即可进入其操作界面，同时自动创建一个名为"文档1"的 Word 空白文档，如图 4-1 所示。

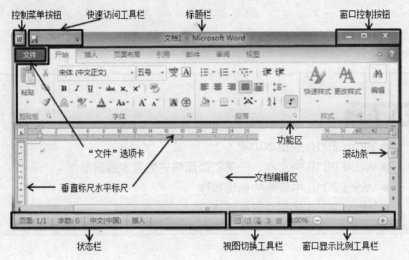

图 4-1　Word 2010 的操作界面

1．标题栏

标题栏位于 Word 2010 操作界面的顶端，其中显示了当前编辑文档的名称、应用程序的名称和 3 个窗口控制按钮。

2．快速访问工具栏

Word 2010 中的快速访问工具栏位于"控制菜单按钮"右侧，如图 4-2 所示，用于放置一些使用频率较高的命令。若要在快速访问工具栏中添加或删除命令，可单击快速访问工具栏右侧的"自定义快速访问工具栏"按钮，在弹出的菜单中选中或取消选中需要向其中添加或删除的工具命令。

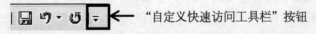

图 4-2　Word 2010 默认的快速访问工具栏

3．"文件"选项卡

"文件"选项卡位于操作界面的左上角，如图 4-3 所示，它的功能类似于 Word 原来版本中的"文件"菜单或 2007 版中的"Office 按钮"，并且增加了一些功能。

单击"文件"选项卡，可在展开的菜单列表中执行新建、打开、保存、另存为、关闭、打印以及退出 Word 程序的操作。此外，允许用户查看"最近所用文件"及其所在位置，提供联机或脱机帮助以及众多 Word 选项的设置权限。

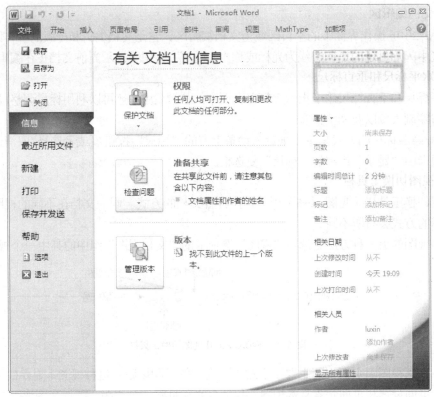

图 4-3 "文件"选项卡

4．功能区

　　功能区位于标题栏的下方，用于存放编辑文档时所需的命令。单击功能区中的选项卡（如"开始"选项卡、"插入"选项卡），可切换功能区中显示的命令。在每个选项卡中，命令又被分类放置在不同的组内。组的右下角通常会有一个"对话框启动器"按钮，用于打开与该组命令相关的对话框，以便对需要进行的操作做深入的设置。此外，功能区右上角的"功能区最小化"按钮用于使功能区呈现最小化状态，同时使文档编辑区所占区域扩大。最小化功能区后，单击此处的"展开功能区"按钮，可重新展开功能区。功能区的各组成部分如图 4-4所示。

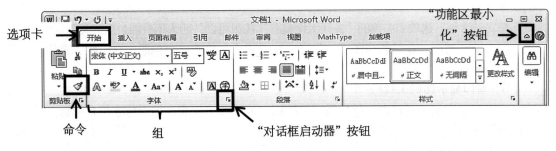

图 4-4　Word 2010 功能区

5．状态栏

　　状态栏位于操作界面的底端左侧，用于显示文档当前的编辑状态等信息，如当前的页码及总页数、文档包含的字数和编辑模式（插入或改写）等。

6．文档编辑区

Word 2010 操作界面中的空白区域为文档编辑区，它是文档编辑和排版的工作区域。文档编辑区中闪烁显示的黑色竖线为光标或称"插入点"，它用于显示当前文档正在编辑的位置。

7．水平标尺和垂直标尺

水平标尺和垂直标尺用于指示字符在页面中的位置。用户还可以利用标尺调整段落缩进，设置与清除制表位以及调整栏宽等。

显示/隐藏标尺的方式是单击垂直滚动条上方的"标尺"按钮 或者选择/取消选择"视图"选项卡中"显示"组中的"标尺"复选框。

8．视图切换工具栏

视图切换工具栏（见图 4-5）用于切换查看文档的方式。同一文档在不同的视图下查看时，显示的方式会有所不同。

切换视图的另一种方法是选择"视图"选项卡的"文档视图"组中的其中一个视图命令。

图 4-5　Word 2010 视图切换工具栏

（1）页面视图。页面视图主要用于对文档进行编辑和排版。这种视图下显示的文档与打印所得的页面设置和页面元素基本相同，包括页眉和页脚、页边距、图片和图形等。

（2）阅读版式视图。阅读版式视图用于阅读文章。在这种视图下，可以在窗口右上角的"视图选项"下拉列表中 选择是否"增大文本字号"、一次性显示一页或两页内容等，方便用户调整并增加文档的可读性。

单击右上角的"关闭"按钮即可关闭该视图，返回文档页面视图。

（3）Web 版式视图。Web 版式视图可以使用户在 Word 中看到文档保存为网页类型后，在 Web 浏览器中打开该文档的显示效果。

（4）大纲视图。大纲视图用于编辑文档中文本的大纲级别，以便修改文档的结构。在这种视图下，Word 2010 自动打开"大纲"选项卡，可单击"大纲工具"组中的"升级" 、"降级" 按钮修改选定文本的级别；单击"折叠" 、"展开" 按钮，以折叠或展开某级别下的文本。

单击"大纲"选项卡右侧的"关闭大纲视图"按钮可以关闭大纲视图，返回文档页面视图。

（5）草稿视图。在草稿视图下，只显示标题和正文，不显示标题、页边距、页眉、页脚和图片等元素。

9．窗口显示比例工具栏

窗口显示比例工具栏由"缩放级别"按钮和缩放滑块组成，用于修改正在编辑文档的显示比例。

4.1.3　创建文档

启动 Word 2010 后，程序默认创建一个名为"文档 1"的空白文档。此外，也可使用以下方式创建新文档。

（1）单击"文件"选项卡中的"新建"命令，在右侧窗格中选择"空白文档"或其他模板，单击右下角"创建"按钮，如图 4-6 所示。

注意　　在没有联网的情况下，只能在"可用模板"组中的各种模板中选择，单击"创建"按钮，即可创建相应模板的文档。如果计算机已联网，则可在"Office.com模板"中选择所需要的模板或搜索相关主题的模板，单击"下载"按钮可以下载模板并创建该模板的文档。

图 4-6　新建文档

（2）按 Ctrl+N 组合键可创建一个 Word 空白文档，文件名为默认的"文档 2"、"文档 3"，以此类推。

4.1.4　保存和保护文档

1．保存文档

（1）第一次保存默认命名的 Word 文档。

● 单击"文件"选项卡中的"保存"命令或者"另存为"命令。

● 单击"快速访问工具栏"中的"保存"按钮 🔲 。

● 按 Ctrl+S 组合键。

以上几个操作均会出现"另存为"对话框，如图 4-7 所示。在"另存为"对话框中选择保存文档的位置，并输入文档的文件名，保存类型默认为"Word 文档"，其扩展名为".docx"，最后单击"保存"按钮。

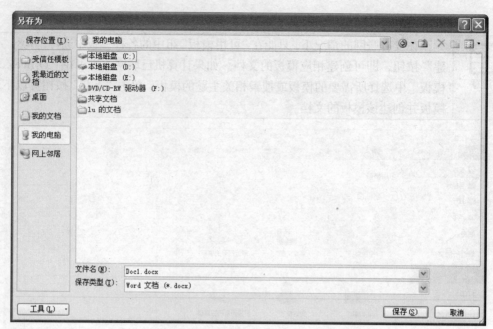

图 4-7　Word 2010 "另存为"对话框

（2）保存已经命名的 Word 文档。

● 单击"文件"选项卡中的"保存"命令。

● 单击"快速访问工具栏"中的"保存"按钮 。

● 按 Ctrl+S 组合键。

执行以上几个操作后，系统均会按原路径和文件名保存当前 Word 文档。

如果要将文件以新的存储路径或文件名保存，就需要单击"文件"选项卡中的"另存为"命令。如果要将文件保存为其他格式，则在"另存为"对话框中的 "保存类型"下拉列表中选择所需格式。

（3）设置文档的自动保存间隔时间。为了避免因断电、死机等意外造成文档中正在编辑的信息丢失的情况，可以根据需要设置文档自动保存的间隔时间，这样系统每隔设定的时间就会对文档自动进行保存。程序被意外关闭后，再次启动 Word 2010，文档中的内容会得到恢复。具体设置方法如下。

① 单击"文件"选项卡中的"选项"命令，打开"Word 选项"对话框。

② 选择"保存"选项，在"保存自动恢复信息时间间隔"文本框中输入需要的时间，默认为"10 分钟"。

③ 单击"确定"按钮。

2. 保护文档

如果用户编辑的文档是有关个人或公司机密的文件，则可以给该文档设置打开密码或修改密码，使得文档得到一定程度的保护。

（1）设置文档打开密码。文档保存时，在打开的"另存为"对话框中，单击下方"工具"列表中的"常规选项"命令，打开如图 4-8 所示的"常规选项"对话框，在"打开文件时的密码"本框中输入打开文件的密码，单击"确定"按钮。在打开的"确认密码"对话框中重新输入一遍打开密码，两次输入的密码要一致。如果输入无误，则返回"另存为"对话框，单击"保存"按钮。

打开密码设置成功后，如果用户不能正确输入该密码，则无法打开该文档。

如果希望取消该密码，则需要在正确打开文档之后，在"另存为"对话框中执行"工具"→"常规选项"命令，在图4-8中的"打开文件时的密码"文本框内删除一串★号，单击"确定"按钮，返回"另存为"对话框，单击"保存"按钮。

图4-8　"常规选项"对话框

此外，也可直接单击"文件"选项卡→"信息"→"保护文档"→"用密码进行加密"命令，在出现的"加密文档"对话框中输入打开文件密码即可。

（2）设置文档修改密码。设置文档修改密码的目的是使其他不知道该密码的用户无法修改该文档。如果输入的密码错误，则可以选择以"只读"方式查看该文档。设置的方法与"设置文档打开密码"相似。

4.1.5　打开文档

打开文档的方法有以下几种。

（1）如果要打开文档，可打开文档所在文件夹后，双击该 Word 文档。

（2）在打开的 Word 2010 界面中单击"文件"选项卡中的"打开"命令或者按 Ctrl+O 组合键，在显示的"打开"对话框中选择需要打开文档所在的文件夹，选择需要打开的文档，单击"打开"按钮，即可打开所选的文档。

（3）如果要打开最近编辑的文档，可单击"文件"选项卡中的"最近所用文件"命令，在右侧窗格会显示最近使用过的文档及其位置，单击所需文档名称即可将其打开。

（4）在已打开文档的任务栏图标处单击鼠标右键，在弹出的快捷菜单上方会显示最近使用的10个文档名称，单击某个文档名称即可将其打开。（操作系统是 Windows 7）

4.1.6　关闭文档和退出程序

1. 关闭文档

关闭文档只关闭当前文档，而没有退出 Word 程序。关闭文档的方法有以下几种。

（1）单击"文件"选项卡中的"关闭"命令。

（2）在活动窗口中按 Alt+F4 组合键。

（3）双击当前文档窗口标题栏左端的"控制菜单按钮"。

（4）单击当前文档窗口标题栏左端的"控制菜单按钮"，在弹出的菜单中选择"关闭"命令。

（5）单击当前文档窗口标题栏右端的"关闭"按钮。

（6）用鼠标右键单击当前文档在任务栏处的图标，在展开的菜单中选择"关闭窗口"命令。（操作系统是 Windows 7）

（7）将鼠标指针指向当前文档在任务栏处的图标，在自动显示的文档窗口缩略图中单击右上角的"关闭"按钮。（操作系统是 Windows 7）

在关闭文档时，如果该文档的修改内容尚未保存，则会弹出对话框，询问是否将更改保存到该文档中。

（1）如果单击"保存"按钮，则保存修改并关闭窗口，针对第一次保存的文档还会显示"另存为"对话框。

（2）如果单击"不保存"按钮，则不保存修改并关闭窗口。

（3）如果单击"取消"按钮，则取消关闭操作，返回文档编辑窗口。

2．退出程序

针对当前仅打开一个文档的情况来说，关闭文档的第（2）～第（7）方式都等价于退出 Word 程序。

退出 Word 2010 的常用方法是单击"文件"选项卡中的"退出"命令。

4.2 Word 2010 基本操作

4.2.1 输入和编辑文本

1．输入文本

新建一个 Word 空白文档，在光标处（插入点）开始输入文字。输入后，光标自动向后移动。

Word 会自动换行，也可按 Enter 键（回车键）手动设置新的段落，并继续输入其他文字。在输入过程中，若出现输入错误，可按 Backspace 键（退格键）删除输错的内容，然后重新输入；若需要插入空字符，按空格键即可。

2．输入特殊符号与当前日期或时间

在日常的文本输入中会遇到各种特殊符号，如货币、度量、特殊数字及日期时间等，因此需要掌握输入特殊符号和当前日期和时间的方法。

（1）要在文档中输入键盘上没有的特殊符号，可单击文档中需要插入特殊符号的位置。

（2）单击"插入"选项卡的"符号"组中的"符号"按钮，在展开的列表中单击需要的符号，即可将该符号插入文档中。

如果列表中没有所需符号，则单击符号列表中的"其他符号"命令，打开"符号"对话框，如图 4-9 所示。在"符号"选项卡中选择"子集"，可显示不同的符号，单击需要插入的符号，单击"插入"按钮，即可将其插入文档中，并且该对话框不会自动关闭，用户可继续插入另一个符号。单击对话框右上角的"关闭"按钮可关闭该对话框。

（3）要在文档中插入当前的日期和时间，可单击文档中需要插入当前日期和时间的位置。

（4）单击"插入"选项卡的"文本"组中的"日期和时间"按钮，打开"日期和时间"对话框，在列表框中选择一种日期或时间的格式，单击"确定"按钮，即可将当前的日期或时间插入文档中。

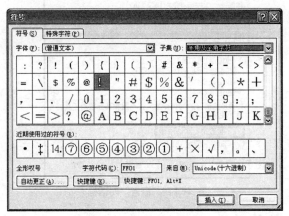

图 4-9 "符号"对话框

如果在"日期和时间"对话框中选中"自动更新"选项，则被插入的日期和时间可随着计算机当前的日期和时间改变。改变的方法是用鼠标右键单击插入的日期和时间，在展开的菜单中选择"更新域"选项。

3．编辑文本

在编辑文本时，经常需要对文本内容进行增加、删除和改写。

（1）要在文档中增加内容，可单击需要增加内容的位置，然后输入要增加的内容即可，如图 4-10 所示。

图 4-10　在文本中增加内容

（2）要删除文档中不需要的内容，可将光标定位至需要删除文本的位置，按 Backspace 键可删除光标左侧的文本，按 Delete 键可删除光标右侧的文本。

（3）要改写（覆盖）文本，可将光标定位至要改写文本的左侧，然后按 Insert 键或者单击状态栏中的"插入"按钮 插入，进入"改写"模式，此时输入的文本将覆盖光标右侧现有的内容。

要取消"改写"模式，可再次按 Insert 键或单击状态栏中的"改写"按钮 改写。

4．红色和绿色波形下画线的含义

如果文字下方出现红色波形下画线，则表示 Word 自动检测出拼写错误，如果出现绿色波形下画线，则表示 Word 自动检测出语法错误。这些下画线在打印文档时不会显示出来。

启动/关闭检查"拼写和语法"的方法有两种。

（1）单击"审阅"选项卡→"语言"组→"语言"命令→"设置校对语言"选项，打开"语言"对话框，如图 4-11 所示，取消选择/选择"不检查拼写或语法"选项。

（2）单击"文件"选项卡中的"选项"命令，打开"Word 选项"对话框，在"校对"选项卡中选择/取消选择"键入时检查拼写"、"键入时标记语法错误"，以启动/关闭检查"拼写和语法"功能。

图 4-11 "语言"对话框

4.2.2 插入点的移动

1．使用"定位"对话框

使用"定位"对话框可使插入点快速定位到指定位置，如指定的页、节、行等。打开此对话框的方法是单击"开始"选项卡的"编辑"组中的"查找"命令右侧的下拉按钮，在下拉列表中选择"转到"命令；或者单击垂直滚动条下方的"选择浏览对象"按钮 ◎ — "定位"命令 → 。

在"定位"对话框（见图 4-12）中选择"定位目标"，在右侧文本框中输入需要位置的相应数字或名称，单击"定位"按钮，即可将光标快速定位至指定位置，单击"关闭"按钮关闭此对话框。

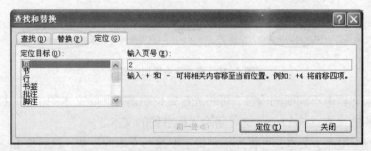

图 4-12 "定位"对话框

2．使用快捷键定位

对文档进行编辑时，结合各种快捷键可以有效提高编辑的效率。表 4-1 列出了几种常见的快捷键定位插入点的方法。

表 4-1 使用快捷键移动插入点

快 捷 键	功　能
↑	插入点向上移动 1 行
↓	插入点向下移动 1 行
←	插入点向左移动 1 个字符
→	插入点向右移动 1 个字符
Page up	插入点向上翻动至前一屏处

快 捷 键	功 能
Page down	插入点向下翻动至后一屏处
Ctrl+ Page up	插入点向上翻动至前一页顶端
Ctrl+ Page down	插入点向下翻动至后一页顶端
Home	插入点移动至行首
End	插入点移动至行尾
Ctrl+ Home	插入点移动至文档首部
Ctrl+ End	插入点移动至文档尾部

4.2.3 选取文本

（1）如果需要选取任意连续文本区域，可将鼠标指针移至要选取区域的起始位置，按住鼠标左键，拖动鼠标至该区域结束位置后，释放鼠标左键，选中的文本以蓝色底纹标示；或者将鼠标指针移至要选取区域的起始位置，按住 Shift 键，将鼠标指针移至该区域结束位置，单击该结束位置，再松开 Shift 键。

 注意 Shift 键可以结合表 4-1 中的快捷键来完成连续文本区域的选取。例如，快捷键 Shift+End，可用于选取从插入点到它所在行结尾处的所有文本。

（2）如果需要选取一个词组，可将鼠标指针移动到词组中的任意位置，然后双击。

（3）如果需要选取一个句子，按住 Ctrl 键的同时，在要选取句子中的任意位置单击。

（4）如果需要选取一行文本，可将光标移至该行文本的最左侧（页面左侧页边距空白处），当鼠标指针变为 形状时单击鼠标左键。

（5）如果需要选取连续的多行文本，可将光标移动到一行文本的最左侧，当鼠标指针变为 形状时，按下鼠标左键不放，然后向上或向下拖动鼠标。

（6）如果需要选取一段文本，可将鼠标指针移至该段文本的最左侧，当鼠标指针变为 形状时，双击。

（7）如果需要选取整篇文档，可将鼠标指针移动到文档中任意一行的最左侧，当鼠标指针变为 形状时，连击三次鼠标左键；或者按住 Ctrl 键不放，将鼠标指针移动到文档最左侧的空白处，当鼠标指针变为 形状时，单击或者按 Ctrl+A 组合键。

（8）如果需要选取不连续文本，可先选取一些文本，然后按住 Ctrl 键不放，结合以上几种方式完成操作。

（9）如果需要选取矩形区域文本，可按住 Alt 键不放，将鼠标指针移到所需区域左上角，拖动鼠标至该区域右下角后，松开鼠标左键。

此外，在文档内的任意位置单击可取消文本的选中状态。

4.2.4 复制和移动文本

1．短距离移动或复制文本

短距离内移动或复制文本，使用拖动鼠标的方法较为方便。

（1）选中需要移动的文本，然后将鼠标指针移到选中的文本上，此时鼠标指针呈 形状，而不是 形状。

（2）按住鼠标左键并拖动，此时以 表示移动操作，以虚线 表示移动到的位置，待虚线显示在目标位置时，松开鼠标左键，所选文本会从原位置移动到目标位置。

（3）如果在拖动鼠标的同时按住 Ctrl 键，则鼠标指针变为 形状，表示当前执行的是复制操作，在目标位置松开鼠标，再松开 Ctrl 键，则所选文本被复制到目标位置，如图 4-13 所示。

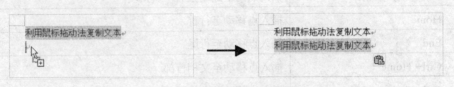

图 4-13　使用鼠标和快捷键复制文档

2．长距离移动或复制文本

如果需要移动或复制文本的原始位置离目标位置较远，或不在同一篇文档中，则可利用剪贴板执行移动或复制操作。

（1）选中要移动的文本，然后单击"开始"选项卡的"剪贴板"组中的"剪切"按钮（或者直接按 Ctrl + X 组合键），将插入点移动到目标位置，单击"开始"选项卡的"剪贴板"组中的"粘贴"按钮（或者直接按 Ctrl + V 组合键），即可将文本移动至目标位置。

（2）选中要复制的文本，然后单击"开始"选项卡中"剪贴板"组中的"复制"按钮（或者直接按 Ctrl + C 组合键），将插入点移动到目标位置，单击"开始"选项卡的"剪贴板"组中的"粘贴"按钮（或者直接按 Ctrl + V 组合键），即可将文本复制至目标位置。

　　　　在目标位置单击鼠标右键时，在弹出的快捷菜单中会显示关于"粘贴选项"的 3 个命令，包括"保留源格式" 、"合并格式" 和"只保留文本" 。

此外，可单击"开始"选项卡的"剪贴板"组中的"对话框启动"按钮，打开"剪贴板"窗格，Word 2010 允许在剪贴板中存储用户复制或剪切的 24 个内容，单击每个内容的下拉按钮，可以选择"粘贴"该内容至目的位置或从剪贴板中"删除"该内容。

4.2.5　查找和替换文本

利用 Word 2010 提供的查找和替换功能，不仅可以在文档中迅速查找相关内容，还可以将查找到的内容替换成其他内容。

1．查找文本

（1）需要查找文档中的某一特定内容，可在文档中的某一位置单击以插入光标，确定搜索的开始位置。

（2）单击"开始"选项卡的"编辑"组中"查找"右侧的下拉按钮，在打开的下拉列表中选择"高级查找"，打开"查找和替换"对话框，在"查找"选项卡的"查找内容"文本框中输入要查找的内容。

（3）单击"查找和替换"对话框中的"查找下一处"按钮，系统将从光标所在的位置开始搜索，然后停在第一次出现所要查找文本的位置，查找到的内容以蓝色底纹选中显示。

（4）单击"查找下一处"按钮，系统将继续查找，并停在下一个要查找的文本出现的位置，并选中这些文本。

（5）整篇文档查找完毕后，系统弹出提示对话框，单击该对话框中的"确定"按钮，完成查找操作并返回"查找和替换"对话框，单击"取消"按钮或右上角"关闭"按钮可关闭该对话框。

 注意 查找文本也可直接单击"开始"选项卡的"编辑"组中的"查找"按钮或"查找"右侧下拉按钮，在打开的下拉列表中选择"查找"选项，Word会自动打开"导航"窗格中的"浏览您搜索的结果"选项卡，在文本框中输入需要查找的文本，会在窗格下方显示所有匹配项列表，文档中查找的文字部分会以黄色底纹显示，如图4-14所示。

2．替换文本

（1）在文档中的某一位置单击插入光标，确定搜索的开始位置。

（2）单击"开始"选项卡的"编辑"组中的"替换"按钮，打开"查找和替换"对话框，在"替换"选项卡的"查找内容"文本框中输入要查找的内容，如"协商"，在"替换为"文本框中输入需要替换为的内容，如"磋商"，如图4-15所示。

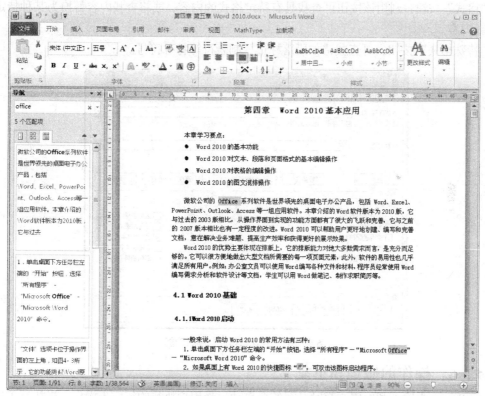

图4-14 查找文字的"导航"窗格的"浏览您搜索的结果"选项卡

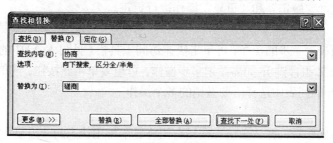

图4-15 "查找和替换"对话框

（3）单击"查找下一处"按钮，系统将从光标所在的位置开始查找，然后停在第一次出现文字"协商"的位置，查找到的文字以蓝色底纹选中显示。

（4）单击"替换"按钮，将该处的"协商"替换为"磋商"，下一个要被替换的内容也以蓝色底纹选中显示。

（5）如果不需要替换某个已被查找到的文本，可单击"查找下一处"按钮继续查找。

（6）单击"全部替换"按钮，可快速替换文档中所有符合查找条件的文本内容，完成全部替换操作后，在显示的提示对话框中单击"确定"按钮，最后关闭"查找和替换"对话框即可。

（7）单击"查找和替换"对话框中的"更多"按钮，展开该对话框，如图4-16所示，利用展开部分中的选项可进行文本的高级查找和替换操作。

"搜索"列表：用于设置搜索文档的范围。

"区分大小写"选项：选择该选项可在查找和替换内容时区分英文大小写。

"使用通配符"选项：选中该选项可以利用通配符"？"（代表单个字符）和"*"（代表多个字符）进行查找和替换。

"格式"按钮：利用该按钮可查找具有特定格式的内容，或将查找内容替换为某种特定格式的新内容。

"特殊格式"按钮：可查找诸如段落标记、制表符等特殊符号。

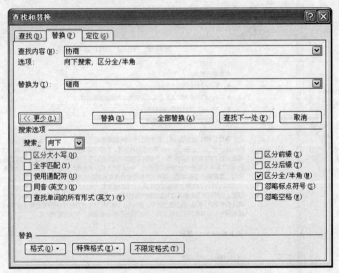

图4-16 "查找和替换"高级功能

4.2.6 操作的撤销和重复

在 Word 中输入和编辑文档时，系统会自动记录用户执行的每一步操作。当执行了错误的操作时，可以通过"撤销"和"重复"操作进行更正。

（1）撤销

如果需要撤销最近一步的操作，可单击快速访问工具栏（见图4-2）中的"撤销"按钮 ↻·（或者直接按 Ctrl＋Z 组合键）；如需撤销多步操作，可重复单击此按钮，或单击此按钮右侧的下拉按钮 ˙，在打开的列表中选择所要撤销的多个操作。

（2）重复

在执行完撤销操作后，在"撤销"按钮右侧将显示可用状态的"重复"按钮 ↻，如果需要恢复被撤销的操作，可单击该按钮（或者直接按 Ctrl + Y 组合键）；如需恢复多步被撤销的操作，可连续多次单击"重复"按钮。

4.2.7　多窗口和多文档的编辑

1．窗口的拆分

Word 2010 支持将文档拆分为上下两个窗口，目的是方便长篇文档的编辑工作。窗口拆分的方法是：单击"视图"选项卡的"窗口"组中的"拆分"按钮，鼠标指针变成上下箭头和一条灰色水平线，如图 4-17 所示，此时上下移动鼠标，单击之后会将文档拆分为两个窗口显示，两个窗口可以分别移动到文档的两个位置；编辑其中一个窗口时，另一个窗口同步显示修改后的内容。

取消拆分的方法是单击"视图"选项卡的"窗口"组中的"取消拆分"按钮。

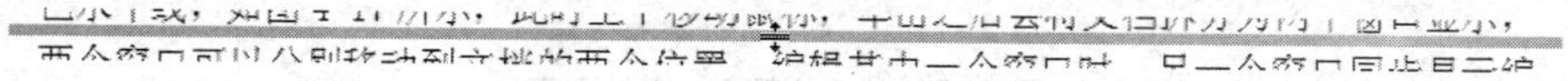

图 4-17　Word 2010 窗口拆分线

2．多文档窗口间编辑

打开多个文档时，Word 2010 支持在屏幕中同时查看这些文档。单击"视图"选项卡的"窗口"组中的"并排查看"命令，这些文档均会在屏幕中显示出来。单击"同步滚动"按钮可以使多个文档同时滚动，以便对比多个文档的内容。

4.3　Word 2010 格式设置

4.3.1　文字格式

默认情况下，在 Word 文档中输入的文本为宋体、五号字。在实际工作中，可以根据需要灵活设置文字格式。

1．设置文字格式

（1）要设置文字的格式，首先选取需要设置的文本。

（2）单击"开始"选项卡的"字体"组中"字体"文本框右侧的下拉按钮，在展开的下拉列表中选择一种字体，如图 4-18 所示。单击"字号"文本框右侧的下拉按钮，在展开的列表中选择一种字号，如图 4-19 所示。

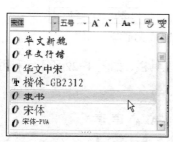

图 4-18　"字体"下拉列表

图 4-19　"字号"下拉列表

（3）单击"字体"组中的"加粗"按钮，可以加粗所选文本；单击"字体"组中的"倾斜"按钮，可以使所选文本倾斜显示；单击"字体"组中的"下画线"按钮，可以给所选文本添加默认的黑色下画线。

（4）单击"字体颜色"按钮右侧的下拉按钮，在展开的列表中选择需要的颜色，如"红色"，如图4-20所示，可修改所选文本的颜色。

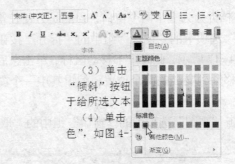

图4-20 "字体颜色"下拉列表

（5）选取需要设置的文本，单击"开始"选项卡的"字体"组右下角的"对话框启动器"按钮，打开"字体"对话框，如图4-21所示，在"中文字体"下拉列表中选择中文的字体，在"西文字体"下拉列表中选择中文之外文本的字体，"所有文字"组中可以设置字体的颜色、下画线的线型及颜色，"效果"组中可以选择选中"删除线"、"上标"、"下标"等选项。设置完毕，单击"确定"按钮。

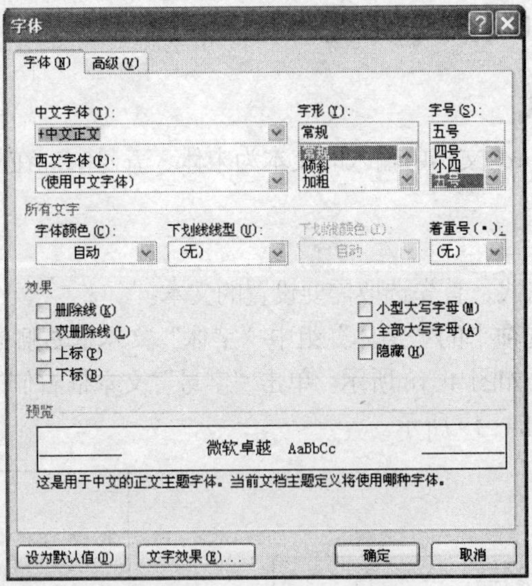

图4-21 "字体"对话框

选中文本时，文本的右上角显示一个浮动工具栏，如图4-22所示，利用该浮动工具栏也可设置文本的常用格式。

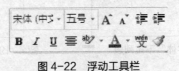

图4-22 浮动工具栏

2．设置字符间距

（1）要设置字符的间距，可先选取要设置的文本，然后单击"开始"选项卡的"字体"组右下角的"对话框启动器"按钮，打开"字体"对话框。

（2）单击"字体"对话框中的"高级"选项卡，如图4-23所示，在"间距"下拉列表框中指定间距的调整方式，在"磅值"文本框中输入需要的间距。

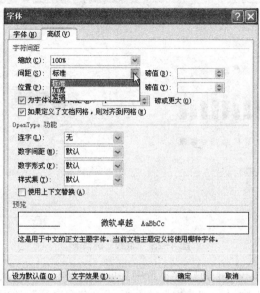

图4-23　字体高级设置

3．设置文字边框和底纹

（1）要设置文字使用默认的边框和底纹，可先选中要设置的文字，然后单击"开始"选项卡的"字体"组中的"字符边框"按钮，为选中文字添加黑色单线边框；单击该组中的"字符底纹"按钮，可为选中文字添加系统默认的灰色底纹。

（2）要对边框和底纹进行个性化的设置，可通过"边框和底纹"对话框来实现。首先选取要设置边框和底纹的文字，单击"开始"选项卡的"段落"组中"边框"按钮右侧的下拉按钮，在展开的下拉列表中选择"边框和底纹"命令。

（3）在打开的"边框和底纹"对话框中选择"边框"选项卡，设置文字的边框。例如，设置边框类型为"三维"，"样式"为"三线"，颜色为"红色"，"宽度"为"1.5磅"，如图4-24所示。"应用于"选择默认的"文字"。在"预览"处可以预览文字添加边框的效果。

图4-24　"边框和底纹"对话框

（4）单击"边框和底纹"对话框中的"底纹"选项卡，然后单击"填充"编辑框右侧的下拉按钮，在展开的列表中选择"浅蓝色"，如图 4-25 所示，将选中文字的底纹设置为浅蓝色。"应用于"选择默认的"文字"。

（5）单击"确定"按钮，完成选中文字边框和底纹的设置。

图 4-25　"底纹"选项卡

（6）取消文字边框和底纹的方法是：选中要取消边框和底纹的文字，在"边框和底纹"对话框的"边框"选项卡中设置"边框"为"无"；在"底纹"选项卡中将"填充"设置为"无颜色"，将样式设置为"清除"即可，如图 4-26 所示。

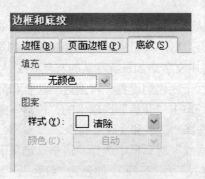

图 4-26　清除"底纹"

4．格式刷

如果一些新文本的格式与之前已经设置的文本格式相同，则无须重新设置新文本，只需使用"格式刷"功能即可。

（1）选取已经设置格式的文本。

（2）单击"开始"选项卡的"剪贴板"组中的"格式刷"按钮 ，此时鼠标指针变为 形状。

> 注意　　如果双击"格式刷"按钮，则可将格式复制到多处新文本。

（3）选择需要设置相同格式的文本，完成格式的复制操作。

（4）取消格式刷功能，可按 Esc 键。

如果需要清除文本的格式，可以单击"开始"选项卡的"样式"组中的"其他"按钮，在下拉列表中选择"清除格式"命令。

4.3.2 段落格式

设置段落格式主要包括设置段落的对齐方式、缩进方式、段落间距以及行距等。每个段落的结尾一般按 Enter 键来使光标移动到下一行，从而产生新的段落，段落标记显示为↵。而按 Shift＋Enter 组合键也能完成换行的效果，但是这时产生的是自然段，自然段的段落标记为↓。多个自然段组成的是一个段落，所以用户不可以在同一段落中的多个自然段内设置不同的段落格式。

如果在文档中看不到这些段落标记，可单击"开始"选项卡的"段落"组中的"显示/隐藏编辑标记"按钮。显示或隐藏段落标记或其他一些格式标记符号，也可单击"文件"选项卡中的"选项"命令，打开"Word 选项"对话框，如图 4-27 所示，选择"显示"选项，选中或取消选中右侧窗格中的格式标记选项，单击"确定"按钮即可。

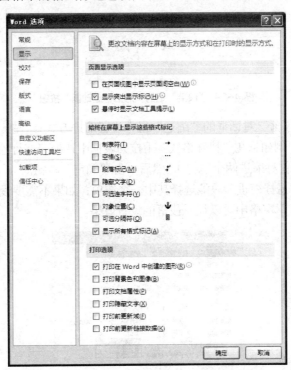

图 4-27 "Word 选项"对话框

1．设置段落的对齐方式

段落的对齐方式有 5 种，分别是：左对齐、居中对齐、右对齐、两端对齐和分散对齐，默认情况下，输入的文本段落呈两端对齐。

（1）首先需要强调的是，与字符格式设置的"选定操作"不同，针对一个段落进行格式设置时，无需选中整个段落内容，而只需将光标置于段落之内即可。针对多个段落进行格式设置时，需要至少选定每一个段落的部分内容。

（2）单击"开始"选项卡的"段落"组中的对齐方式按钮，如图 4-28 所示。单击"段落"组中的"居中"按钮，可将光标所在的段落居中对齐显示。

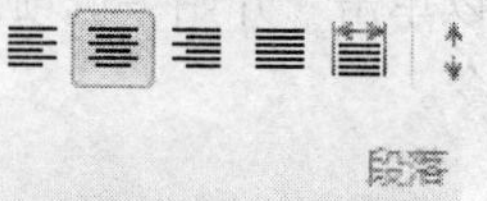

段落

图 4-28 "段落"组中的对齐方式按钮

2．设置段落的缩进格式

段落缩进格式是指段落相对左/右页边距向页内缩进的方式及距离。段落缩进方式包括左侧缩进、右侧缩进、首行缩进和悬挂缩进。

左（右）侧缩进：整个段落中所有行的左（右）边界向右（左）缩进。

首行缩进：段落的首行文字相对于其他行向内缩进。

悬挂缩进：段落中除首行外的所有行向内缩进。设置段落缩进格式的步骤如下。

（1）将光标置于要设置缩进的段落中，或选取需要设置缩进的多个段落。

（2）单击"开始"选项卡的"段落"组右下角的"对话框启动器"按钮，如图 4-29 所示。

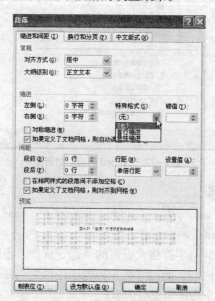

段落

图 4-29 "段落"组的"对话框启动器"按钮

（3）在打开的"段落"对话框的"缩进"组中设置缩进方式："左侧"、"右侧"和特殊格式，如图 4-30 所示。例如，在"特殊格式"下拉列表框中选择"首行缩进"选项（默认"磅值"为"2字符"，即首行缩进两个字符），然后单击"确定"按钮。

"首行缩进"和"悬挂缩进"只能选择其中一个选项，如果不需要设置特殊格式，则可以选择"无"。在"预览"窗格中可以显示段落的设置效果。

图 4-30 "段落"对话框

3．设置段落间距与行距

（1）要设置段落间距和行距，可将光标插入要设置的段落中，或选中多个要进行设置的段落。

（2）单击"开始"选项卡的"段落"组中的"对话框启动器"按钮，在打开的"段落"对话框"间距"组的"段前"和"段后"文本框中设置段间距"0.5 行"，如图 4-31 所示。

（3）在"行距"下拉列表框中选择行距类型，如"1.5 倍行距"是指每行的高度为该行最大字体高度的 1.5 倍，如图 4-31 所示。

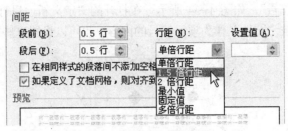

图 4-31　段落间距设置

（4）单击"确定"按钮，即可完成对段落间距和行距的设置。

设置段落间距与行距的另一种方法是在"页面布局"选项卡的"段落"组中的"间距"选项区中设置"段前"和"段后"间距，如图 4-32 所示。

图 4-32　设置段落间距

单击"开始"选项卡的"段落"组中的"行和段落间距"按钮，可在展开的列表中选择行距类型以设置行距，如图 4-33 所示。

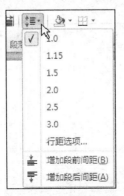

图 4-33　设置行距

4．设置段落边框和底纹

设置段落边框和底纹的基本步骤如下。

（1）将光标插入要进行设置的段落中，或选中多个要进行设置的段落。

（2）单击"开始"选项卡的"段落"组中"边框"按钮右侧的下拉按钮，在展开的列表中选择"边框和底纹"命令。打开"边框和底纹"对话框，如图 4-24、图 4-25 所示，在此对话框中的设置操作请参看"4.3.1 文字格式 3.设置文字边框和底纹"的内容。

其中，"预览"处的上、下、左、右 4 个按钮表示可以选择或取消选择段落的 4 个边框。

（3）与设置文字边框和底纹的不同之处在于"应用于"下拉列表中应选择"段落"项。

5．设置项目符号与编号

（1）设置项目符号。给段落设置项目符号的方法是：将光标插入要进行设置的段落中，或选中多个要进行设置的段落。在"开始"选项卡的"段落"组中的"项目符号"下拉列表中选择"定义新项目符号"，如图 4-34 所示。在打开的"定义新项目符号"对话框中可以根据需要选择"符号"或"图片"作为项目符号的内容，也可以设置这些符号的"字体"。

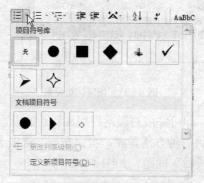

图 4-34 "项目符号"下拉列表

添加项目符号后，其后的段落会自动添加相同的项目符号。如果需要修改，可以选中这些段落，重新打开"定义新项目符号"对话框修改设置。如果不再需要项目符号，则让光标停在项目符号之后，直接按 Backspace 键删除或在图 4-34 中的下拉列表中选择"无"。

（2）设置编号。给段落设置编号的方法是：将光标插入要进行设置的段落中，或选中多个要进行设置的段落。在"开始"选项卡的"段落"组的"编号"下拉列表中选择"定义新编号格式"，如图 4-35 所示。在打开的"定义新编号格式"对话框中设置编号样式、编号格式及对齐方式。

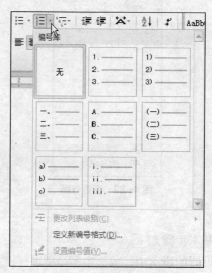

图 4-35 "编号"下拉列表

添加编号后，其后的段落会自动添加相同格式的后续编号。如果需要修改，可以选中这些段落，重新打开"定义新编号格式"对话框修改设置，还可以选择"编号"下拉列表中的"设置编号值"命令，打开"起始编号"对话框，设置编号的起始值，如图4-36所示。如果不再需要编号，则让光标停在编号之后，按Backspace键删除或在图4-35中的下拉列表中选择"无"。

图 4-36 "起始编号"对话框

4.3.3 文档页面格式

1．为页面添加边框

（1）要为文档的页面设置边框，可单击"页面布局"选项卡的"页面背景"组中的"页面边框"按钮，如图4-37所示。

图 4-37 "页面边框"按钮

（2）在打开的"边框和底纹"对话框的"页面边框"选项卡中设置某种边框，然后设置边框的样式。例如，为页面设置艺术型边框，并将边框的宽度设置为"20磅"，如图4-38所示。

（3）单击"边框和底纹"对话框中的"确定"按钮，即可为页面添加边框。

图 4-38 设置艺术型页面边框

2. 为页面添加背景

（1）要为文档的页面设置背景色或背景图片，可单击"页面布局"选项卡的"页面背景"组中的"页面颜色"按钮，如图4-39所示。

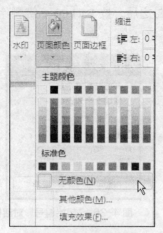

图4-39 设置页面背景

（2）在打开的下拉列表中选择为页面添加的背景颜色；如果选择"填充效果"，则会打开"填充效果"对话框，选择"渐变"、"纹理"、"图案"或"图片"选项卡，可以为页面设置所需的填充内容。

（3）如果想给页面添加背景图片，还可在"页面布局"选项卡的"页面背景"组中的"水印"下拉列表中选择"自定义水印"，打开 "水印"对话框中，如图4-40所示。单击"图片水印"中的"选择图片"按钮，在打开的对话框中选择图片文件，设置图片的"缩放"比例。单击"确定"按钮，即可将图片以水印的形式呈现在页面的背景处。

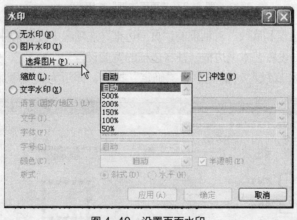

图4-40 设置页面水印

3．页面设置

Word 2010 默认创建的是"A4"纸张大小、"纵向"纸张方向的文档，用户可以根据需要对页面各种元素加以设置。

（1）设置纸张大小。

① 要改变纸张的大小，可单击"页面布局"选项卡的"页面设置"组中的"纸张大小"按钮，在展开的列表中选择所需的纸型，如选择"16开（18.4×26厘米）"选项。

② 若列表中没有所需纸张尺寸，则可自定义纸张大小。在"纸张大小"列表中选择"其他页面大小"选项，打开"页面设置"对话框的"纸张"选项卡，如图4-41所示。

③ 在"纸张大小"组中的"宽度"和"高度"文本框中输入数值并单击"确定"按钮，即可设定自定义宽度和高度的纸张。

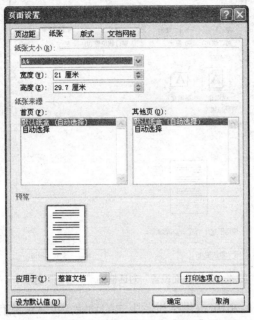

图4-41 "页面设置"对话框的"纸张"选项卡

（2）设置纸张方向和页边距。

① 若要更改纸张的方向，可单击"页面布局"选项卡的"页面设置"组中的"纸张方向"按钮，在展开的列表中选择纸张的方向，如选择"横向"选项，如图4-42所示。

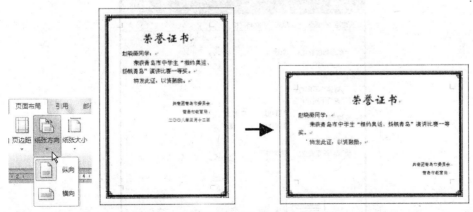

图4-42 "纸张方向"按钮及设置效果

② 若要更改页边距，可单击"页面布局"选项卡的"页面设置"组中的"页边距"按钮，在展开的列表中选择一种页边距样式。

③ 若要自定义页边距，可在"页边距"列表中选择"自定义边距"选项，打开"页面设置"对话框的"页边距"选项卡。

④ 在"页边距"组中设置上、下、左、右页边距，如图 4-43 所示，然后单击"确定"按钮。

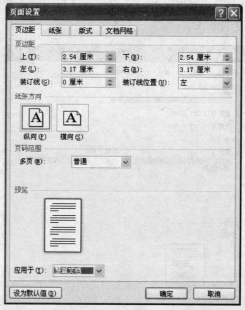

图 4-43 "页面设置"对话框的"页边距"选项卡

（3）设置版式。Word 2010 提供了设置版式的功能，可以设置有关页眉和页脚、页面垂直对齐方式以及行号等特殊的页面版式选项。

设置版式的具体操作步骤如下。

① 单击"页面布局"选项卡的"页面设置"组右下角的"对话框启动器"按钮，打开的"页面设置"对话框的"版式"选项卡，如图 4-44 所示。

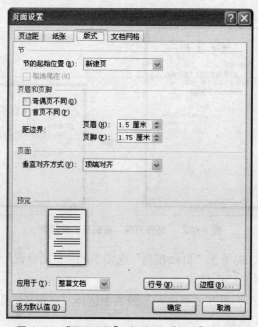

图 4-44 "页面设置"对话框的"版式"选项卡

② 在该选项卡的"节"组中的"节的起始位置"下拉列表中选择节的起始位置，用于对文档分节。分节的具体内容请参看"（6）分隔符"。

③ 在"页眉和页脚"组中可确定不同页的页眉和页脚的显示方式。如果需要奇数页和偶数页的页眉和页脚不同，可选中"奇偶页不同"复选框；如果需要首页的页眉和页脚不同于其他页，可选中"首页不同"复选框。在"页眉"和"页脚"文本框中可设置页眉和页脚距页边界的距离。

④ 在"页面"组的"垂直对齐方式"下拉列表中可设置页面的垂直方向对齐方式。图4-45为页面垂直对齐方式的文档示例。

| 顶端对齐 | 居中对齐 | 两端对齐 | 底端对齐 |

图4-45　页面的垂直对齐方式效果

顶端对齐：系统默认的垂直对齐方式，指正文的第一行与上页边距对齐。

居中对齐：指正文在上页边距与下页边距之间居中对齐。

两端对齐：增大段间距，使得第一行与上页边距对齐，最后一行与下页边距对齐。

底端对齐：指正文的最后一行与下页边距对齐。

⑤ 在"预览"组中单击"行号"按钮，打开"行号"对话框，选中"添加行号"复选框，如图4-46所示。可以在该对话框的 "起始编号"文本框中设置文档的起始行号；在"距正文"文本框中设置行号与正文之间的距离；在"行号间隔"文本框中设置每几行添加一个行号。单击"确定"按钮，即可看到添加行号的效果，并返回"页面设置"对话框，单击"确定"按钮，完成对页面版式的设置。

图4-46　选中"添加行号"复选框

（4）设置文档网格。

① 单击"页面布局"选项卡的"页面设置"组右下角的"对话框启动器"按钮 ，打开的"页面设置"对话框的"文档网格"选项卡，如图4-47所示。

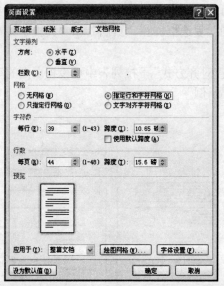

图4-47 "页面设置"对话框的"文档网格"选项卡

② 在"文字排列"组中设置文字排列的方向和栏数。文档分栏的方法还可以参看"（5）文档分栏"。

③ 在"网格"组中可设置不同的网格类型，如选择"指定行和字符网格"选项。

④ 根据"网格"组的选择不同，在"字符数"组和"行数"组中分别设置每行的字符数和每页的行数。

⑤ 单击"确定"按钮，完成文档网格的设置。

（5）文档分栏。

① 若要改变页面的文本分栏数，可单击"页面布局"选项卡的"页面设置"组中的"分栏"按钮，在展开的列表中选择一种分栏类型，如图4-48所示。

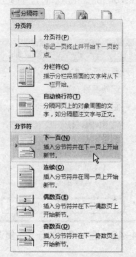

图4-48 单击"分栏"按钮

② 单击"更多分栏",打开"分栏"对话框,如图 4-49 所示。"栏数"文本框可输入文档所需分栏数;取消勾选"栏宽相等"复选框后可以对每一栏的"宽度"、"间距"分别进行设置,如果勾选"栏宽相等"复选框,则每一栏只能固定为同一个宽度。

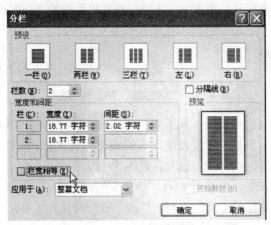

图 4-49　"分栏"对话框

（6）分隔符。如果要给文档添加分隔符,可单击"页面布局"选项卡的"页面设置"组中的"分隔符"按钮,在展开的列表中选择分隔符的类型,如选择"分页符",如图 4-50所示。

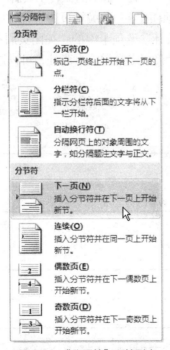

图 4-50　"分隔符"下拉列表

① 给文档添加"分页符"的另一种方法是单击前一页所有文字的最后位置,按 Ctrl + Enter组合键,自动添加分页符。单击前一页所有文字的最后位置,按 Delete 键可删除分页符。

② 添加"分节符"的目的是给同一文档中的不同内容设置不同的格式,如页眉和页脚、分栏数等。"分节符"选项有 4 个,分别代表插入分节符并且下一节开始于"下一页"、"连续"

（同一页面中）、下一个"偶数页"或下一个"奇数页"。

当前文本的节数可以显示在状态栏，如果未显示，可用鼠标右键单击状态栏，在打开的快捷菜单中勾选"节"选项，将节数加载至状态栏。

删除"分节符"的方法是：单击 Word 窗口状态栏右侧的"视图切换工具栏"，单击"大纲视图"或"草稿"按钮切换文档显示视图，单击文档中以水平双虚线显示的分节符，如图 4-51 所示，按 Delete 键可删除分节符。

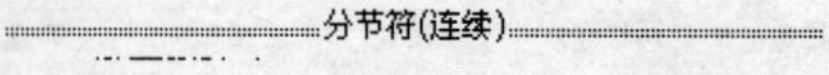

分节符(连续)

图 4-51 "大纲视图"下的"分节符"

（7）页眉和页脚。页眉与页脚不属于文档的文本内容，它们可以用来显示文档标题、页码、日期、作者等信息。页眉位于文档中每页的顶端，页脚位于文档中每页的底端。页眉和页脚的文字格式化和段落格式化与文档内容的格式化方法相同。

插入页眉和页脚的方法分为以下 3 种：给全文的每一页插入相同的页眉和页脚，给全文的首页、奇数页、偶数页插入不同的页眉和页脚，给全文插入 3 种以上不同的页眉和页脚。

① 给全文的每一页插入相同的页眉和页脚。

（a）单击"插入"选项卡的"页眉和页脚"组中的"页眉"按钮，如图 4-52 所示，选择一种内置页眉，进入页眉编辑区，并自动打开页眉和页脚的"设计"选项卡，如图 4-53 所示。

（b）在页眉编辑区中输入页眉的内容，并编辑页眉内容的格式。

（c）单击"设计"选项卡的"导航"组中的"转至页脚"按钮，可以切换到页脚编辑区。

（d）在页脚编辑区输入页脚的内容，并编辑页脚内容的格式。

（e）设置完成后，单击"设计"选项卡中的"关闭页眉和页脚"按钮，或双击文档正文处，即可返回文档编辑状态。直接双击页眉或页脚处，可以进入页眉或页脚的编辑区。

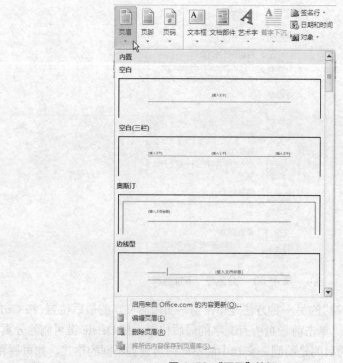

图 4-52 "页眉"按钮

图 4-53　页眉和页脚的"设计"选项卡

② 给全文的首页、奇数页、偶数页插入不同的页眉和页脚。可在文档中插入两种或 3 种不同格式和不同内容的页眉和页脚，在"设计"选项卡的"选项"组中选择勾选"首页不同"或"奇偶页不同"选项，此时首页、偶数页和奇数页的页眉、页脚编辑区左侧会显示提示信息，如图 4-54 所示。用户可在这些编辑区内编辑页眉和页脚的内容和格式，操作方法与"给全文的每一页插入相同的页眉和页脚"相同。首页、偶数页和奇数页的页眉和页脚提示信息。

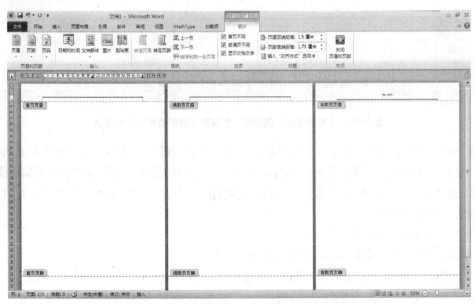

图 4-54　首页、偶数页、奇数页页眉和页脚的提示信息

③ 给全文插入 3 种以上不同的页眉和页脚。对于长篇文档来说，一般都需要给全文插入 3 种以上不同的页眉和页脚。先需要按编辑要求给长篇文档分节，然后分别在每一节的页眉和页脚的"设计"选项卡中选择 "首页不同"、"奇偶页不同"选项，再针对每一节的首页、奇数页、偶数页的页眉和页脚分别设置内容和格式。

需要特别注意的是：如果希望某节的页眉或页脚与之前节的内容不同，则必须在位置靠后的节中打开页眉和页脚的"设计"选项卡，然后取消勾选"链接到前一条页眉"按钮。每一处页眉和页脚均需分别取消选择该按钮，取消勾选该按钮的标志是在插入页眉和页脚的状态下，页眉和页脚右侧的提示信息中不出现"与上一节相同"字样。该按钮在默认情况下是被自动选中的，这就导致很多用户在对文档进行分节处理后，仍然无法对不同节的页眉和页脚做不同的设置。

设置 3 种以上不同页眉和页脚的效果图如图 4-55 所示。该图中的文档一共分为 9 页 3 节，每节包括 3 页，用户可使用插入分页符和分节符的方式完成对文档的初步编辑。文档中第 1 节和第 2 节的首页页眉、首页页脚、偶数页页眉、偶数页页脚、奇数页页眉、奇数页页脚 6 个元素均可以设置为不同的内容。此外，由于在第 3 节的这 6 个元素中均没有取消勾选"链接到前一条页眉"按钮，所以第 2 节和第 3 节的这 6 个元素会保持一致。

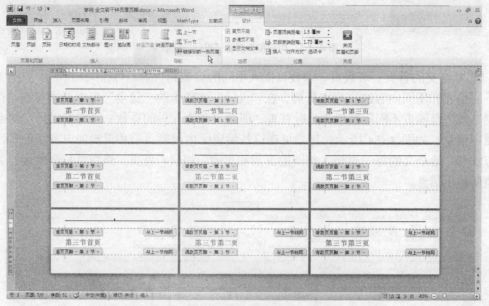

图 4-55　3 节的首页、偶数页、奇数页页眉和页脚的提示信息

④ 删除页眉或页脚。删除页眉或页脚方法是：单击"插入"选项卡的"页眉和页脚"组中的"页眉"按钮或"页脚"按钮，如图 4-52 所示，选择"删除页眉"或"删除页脚"命令。

⑤ 设置页眉线。在默认状态下，页眉的底端有一条单线，即页眉线。用户可以对页眉线进行设置、修改和删除。

插入页眉线的具体操作步骤如下。

（a）将光标定位在页眉编辑区的任意位置。

（b）单击"开始"选项卡的"段落"组中的"边框和底纹"按钮右侧下拉按钮，在弹出的下拉列表中选择"边框和底纹"选项，弹出"边框和底纹"对话框。

（c）在该对话框中单击"横线"按钮，弹出"横线"对话框。

（d）在该对话框中选择一种横线，单击"确定"按钮，即可在页眉编辑区中插入一条特殊的页眉线。

（e）设置完成后，选择"设计"选项卡中的"关闭页眉和页脚"命令，返回文档编辑窗口。

添加页眉线的另一种方法是：将光标定位在页眉编辑区的任意位置，在"边框和底纹"对话框中设置"应用于"为"段落"，预览窗格处只选择"下边框"，如图 4- 56 所示，单击"确定"按钮，在页眉编辑区中插入一条自定义的页眉线。

删除页眉线的方法是：在"边框和底纹"对话框中选择设置"无"，单击"确定"按钮，即可。

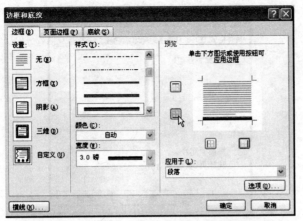

图 4-56 在"边框和底纹"对话框中设置页眉线框

⑥ 插入页码。文档篇幅稍大时可为文档插入页码,以便于整理和阅读。在文档中插入页码的具体操作步骤如下。

(a)在"插入"选项卡的"页眉和页脚"组中的"页码"下拉列表中选择页码出现的位置和样式。可选择"页面底端"→"普通数字 2"选项,页面的底端居中位置会显示普通数字作为每页的页码如图 4-57 所示。

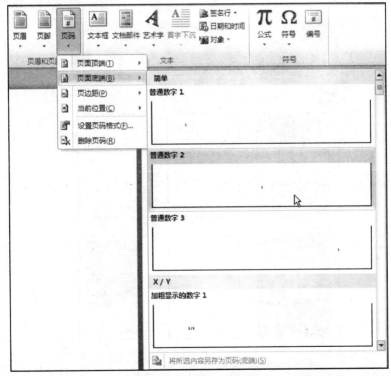

图 4-57 "页码"下拉列表

(b)如果单击"页码"下拉列表中的"设置页码格式"选项,则弹出"页码格式"对话框,如图 4-58 所示。在该对话框中可设置所插入页码的格式。如果文档内容已做分节处理,则可以设置与某节内容相关的"编号格式"或"起始页码"。

(c)设置完成后,单击"确定"按钮,即可在文档中插入页码。

图 4-58 "页码格式"对话框

4．插入文档封面

给文档添加设计精美的封面能使文档更凸显其专业性，Word 2010 提供了一些预设的封面样式，用户也可在联网状态下使用更新的封面样式。

插入文档封面的具体操作是：在"插入"选项卡的"页"组中的"封面"下拉列表中选择某个封面样式，即可将它添加到文档首页处。"删除当前封面"用于删除已设置的封面，如图 4-59 所示。

图 4-59 "封面"下拉列表

4.3.4 打印文档

文档编辑完成以后，可以将其打印出来。为防止出错，在打印文档之前，一般都会先预览一下打印效果，以便及时改正，节省资源。下面介绍打印预览和打印文档的方法。

（1）单击"文件"选项卡，在展开的列表中选择"打印"，右侧出现两个窗格，如图 4-60 所示，其中，左侧窗格用于设置打印属性，右侧窗格用于对文档进行打印预览。

（2）在右侧的"打印预览"窗格中，拖动右下角的"显示比例"滑块可缩放文档页面的显示大小，进行单页、双页或多页预览。

（3）左侧的打印属性窗格，默认打印一份文档，可设置"份数"，以打印多份文档，设置好后，单击"打印"按钮。

（4）如果要打印当前页或指定页，或要设置其他的打印选项，可在左侧的打印属性窗格单击"打印自定义范围"，在"页数"文本框中输入需要打印的页码，如输入"1, 5-7"，表示打印该文档的第 1、5、6、7 页，需要注意的是，只有在英文状态输入法下设置页码范围才有效。

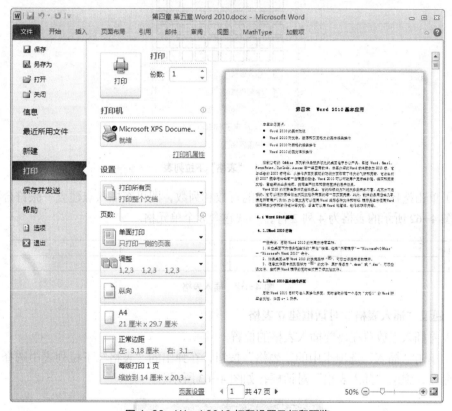

图 4-60　Word 2010 打印设置及打印预览

4.4　Word 2010 表格制作

4.4.1　创建表格

Word 2010 具有强大的表格制作功能，尤其在表格的美化方面更为突出，操作起来也更加快捷、人性化。在使用 Word 2010 编辑文档的过程中经常会遇到一些关于表格的编辑操作，掌握一些常用的方法和技巧，能帮助用户更高效地制作出具有专业水准的表格。

使用 Word 2010 文档建立一个表格的方法包括以下几种。

1．在"表格"下拉列表中选定表格行数和列数以建立表格

（1）将插入点放置在需要插入表格的位置。

（2）单击"插入"选项卡的"表格"组中的"表格"按钮，出现表格模型下拉列表，如图4-61所示。

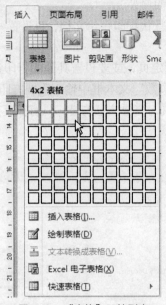

图4-61 "表格"下拉列表

（3）单击选择表格模型，以选定表格的行数和列数，即可在插入点建立一张符合要求的表格。图4-62所示的表格为4列2行，一共包含8个单元格。

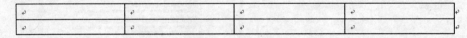

图4-62 插入表格

2．通过"插入表格"对话框建立表格

（1）将插入点放置在需要插入表格的位置。

（2）单击"插入"选项卡中的"表格"按钮，在弹出的"表格"下拉列表中选择"插入表格"命令，弹出"插入表格"对话框，如图4-63所示。

图4-63 "插入表格"对话框

（3）在"行数"和"列数"文本框中输入相应的行数、列数，单击"确定"按钮，在插入点建立一张符合要求的表格，如图4-62所示。

3．将文本转化为表格

（1）选定以"制表符"分隔的所有表格文本，如图4-64所示。

注意　按 Tab 键输入"制表符"，它在文本中显示为右箭头 →。

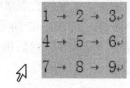

图4-64　选中以"制表符"分隔的表格文本

（2）单击"插入"选项卡中的"表格"按钮，在弹出的"表格"下拉列表中选择"文本转换成表格"命令，弹出"将文字转换成表格"对话框，如图4-65所示。"文字分隔位置"组中默认选择"制表符"单选按钮。

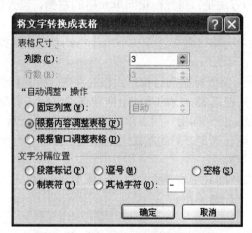

图4-65　"将文字转换成表格"对话框

注意　将文本转换成表格时，也可根据文本中实际所用的分隔符在"文字分隔位置"组中选择"段落标记"、"逗号"、"空格"、"制表符"或"其他字符"。

（3）单击"确定"按钮，文本即转换成表格，如图4-66所示。

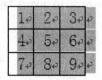

图4-66　文字转换成表格效果

4.4.2　编辑和格式化表格

1．编辑表格

（1）输入文本。表格建立后，可以在表格的每个单元格中放置插入点，输入相应的文字、数字、符号等文本内容。对这些文本内容的格式化处理与 4.3 节的"文字格式"及"段落格式"的处理方式相同。

要删除单元格内的文本，可"选定单元格"后按 Delete 键。

（2）选定表格。

① 选定表格的方法是：将插入点置于需要操作的表格中，表格左上角会出现十字箭头标记 ，单击这个标记，即可选中整个表格，如图 4-67 所示。

② 移动表格的方法是：先执行选定表格操作，然后拖动表格至所需的位置，松开鼠标，即可将选定并拖动的表格移动至该位置。

1	2	3
4		6
7	8	5

图 4-67　选中整个表格

③ 选定一个单元格的方法是：将光标指向单元格的左侧，当光标变为黑色箭头 ￪ 时，单击即可。

如需选定多个连续的单元格，则在选定一个单元格的基础上继续拖动鼠标，直至全部选定所需单元格。

④ 选定一行的方法是：将光标指向行首单元格的左侧，当光标变为箭头 ￪ 时，单击即可。如需选定相邻多行，则在选定一行的基础上继续拖动鼠标，直至全部选定所需行。

⑤ 选定一列的方法是：将光标指向列首单元格的上方，当光标变为箭头 ￬ 时，单击。如需选定相邻多列，则在选定一列的基础上继续拖动鼠标，直至全部选定所需列。

（2）增加单元格、行与列。

① 将插入点放在需要插入新单元格的位置，单击"布局"选项卡中"行和列"组右下角的"对话框启动"按钮，如图 4-68 所示。

> **注意**　表格的"设计"和"布局"选项卡只有在插入点放置在表格中时才会出现。

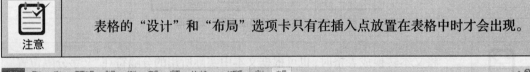

图 4-68　Word 2010 表格的"布局"选项卡

② 弹出"插入单元格"对话框，如图 4-69 所示。

③ 选择所需的选项，单击"确定"按钮。例如，选择"活动单元格下移"单选按钮，表示将插入点所在的单元格（活动单元格）向下移动一格，即移动到下一行的位置，如果活动单元格的下方原来已有单元格，那么下方的单元格也依次向下移动，如图 4-70 所示。

图 4-69 "插入单元格"对话框

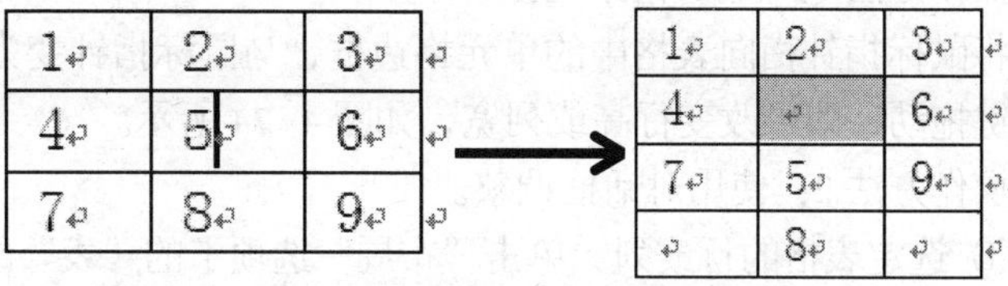

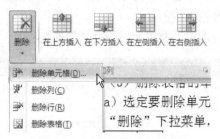

图 4-70 选择"活动单元格下移"选项的执行效果

④ 如需插入行，则将插入点放置在需要插入新行的位置，单击"布局"选项卡的"行和列"组，选择对该行"在上方插入"或"在下方插入"新行。

⑤ 如需插入列，则将插入点放置在需要插入新列的位置，单击"布局"选项卡中的"行和列"组，选择对该列"在左侧插入"或"在右侧插入"新列。

（3）删除表格的单元格、行与列。

① 选定要删除单元格的行与列，单击"布局"选项卡的"行和列"组中的"删除"按钮，弹出"删除"下拉列表，如图 4-71 所示。

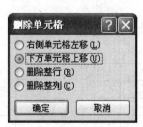

图 4-71 表格"删除"下拉菜单

② 选择"删除单元格"选项后，弹出对话框，如图 4-72 所示。选择其中的选项以获得所需效果，单击"确定"按钮。例如，选择"下方单元格上移"，表示将插入点所在单元格下方的单元格依次向上移动一格，如图 4-73 所示。

图 4-72 "删除单元格"对话框

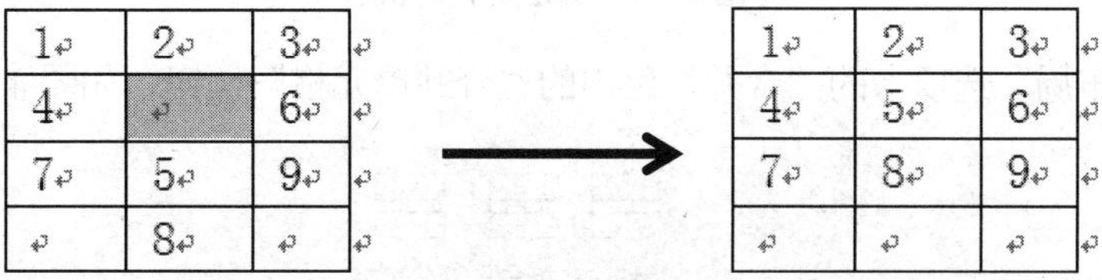

图 4-73 选择"下方单元格上移"选项的执行效果

③ 选择"删除列"或"删除行"选项，可删除插入点所在的一列或一行。

④ 选择"删除表格"可删除插入点所在的表格。

（4）改变表格的行高和列宽。

操作方法1：直接用鼠标拖动调整。

将鼠标指针指向表格中的单元格边框，与鼠标指针变为上下箭头或左右箭头时，按下鼠标左键拖动，即可改变行高或列宽，如图4-74所示。

操作方法2：使用对话框调整。

① 选定表格的行或列，单击"布局"选项卡的"表"组中的"属性"按钮，弹出"表格属性"对话框，如图4-75所示。

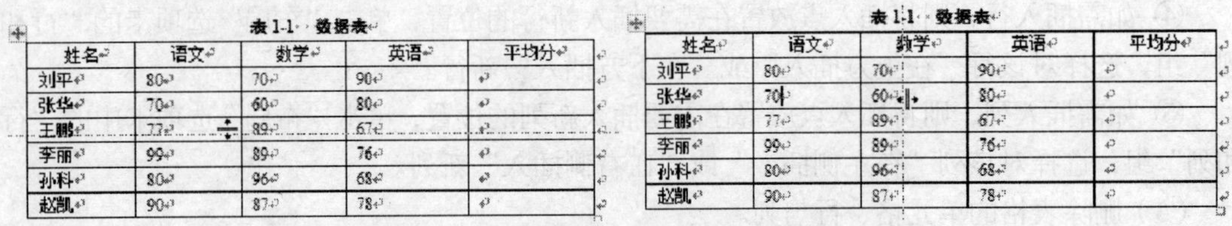

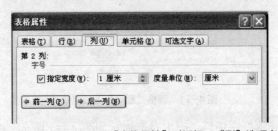

图4-74 使用鼠标拖动改变表格的行高与列宽

② 分别单击"行"或"列"选项卡，为所需修改高度或宽度的行或列勾选行的"指定高度"或列的"指定宽度"，并输入数值。

③ 单击"确定"按钮，即可调整单元格的行高与列宽。

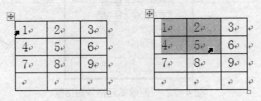

图4-75 Word 2010"表格属性"对话框－"列"选项卡

（5）合并单元格。

操作步骤如下。

① 选定需要合并的单元格，如图4-76所示。

图4-76 选定多个单元格

② 单击"布局"选项卡的"合并"组中的"合并单元格"按钮，如图4-77所示。

图4-77 "合并单元格"按钮

③ 合并后的效果如图 4-78 所示。

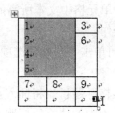

图 4-78　合并单元格的效果

（6）拆分单元格。

① 选定需要拆分的单元格，如图 4-79 所示。

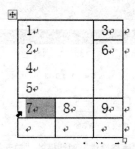

图 4-79　选定需要拆分的单元格

② 单击"布局"选项卡的"合并"组中的"拆分单元格"按钮，弹出"拆分单元格"对话框，如图 4-80 所示。

图 4-80　"拆分单元格"对话框

③ 在"列数"和"行数"文本框中设置拆分的列数和行数，单击"确定"按钮，即可将选定单元格拆分。拆分后的效果如图 4-81 所示。

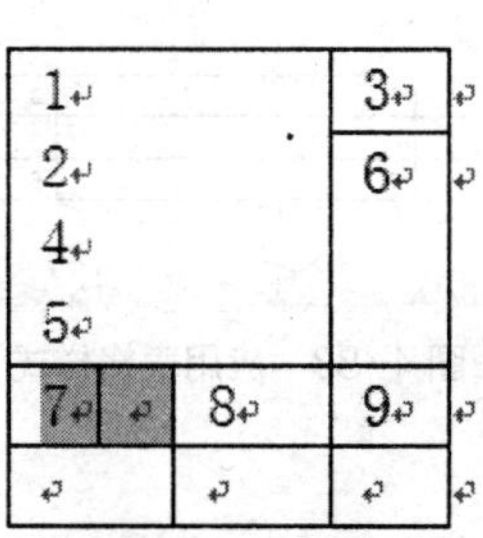

图 4-81　拆分单元格的效果

（7）设置单元格的对齐方式。

① 选定需要对齐的单元格，单击"布局"选项卡的"表"组中的"属性"按钮，弹出"表

格属性"对话框。

② 单击"单元格"选项卡,选择单元格中文本所需的"垂直对齐方式",如图 4-82 所示,然后单击"确定"按钮,即可完成操作。

③ 单元格内容的水平对齐方式可单击"开始"选项卡的"段落"组中的"居中"按钮、"文本右对齐"按钮等进行设置。

(8) 设置跨页自动重复出现的表格标题行。将插入点放置在表格的标题行内的某个单元格,单击"布局"选项卡的"数据"组中的"重复标题行"按钮,当这个表格跨页显示时,会在后续页的开头自动重复出现表格的标题行。

 注意 表格的标题行是指表格中的第一行,而不是表格外部的标题内容。

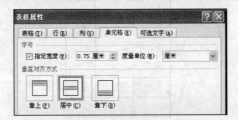

图 4-82 "表格属性"对话框的"单元格"选项卡

2. 格式化表格

(1) 表格样式。表格样式是一组事先设置了表格边框、底纹、对齐方式等格式的表格模板,Word 2010 中提供了多种预设的表格样式。

用户可以借助这些表格样式快速格式化表格。选择表格样式的方法是:单击表格任意单元格,在"设计"选项卡的"表格样式"组中将鼠标指针指向某种表格样式,直接预览该样式的实施效果,最后选择合适的表格样式,如图 4-83 所示。

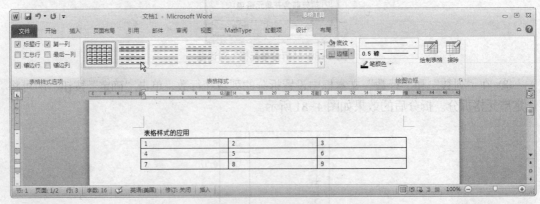

图 4-83 应用表格样式

(2) 表格底纹。

① 选定要添加底纹的表格,单击"布局"选项卡的"表"组-"属性"按钮,弹出"表格属性"对话框的"表格"选项卡,如图 4-84 所示。

图 4-84 "表格属性"对话框的"表格"选项卡

② 单击"边框和底纹"按钮,弹出"边框和底纹"对话框,单击"底纹"选项卡。

③ 选择"填充"的颜色及图案的"样式",单击"确定"按钮。

注意　如果需要对某些单元格设置特殊的底纹,可选中这些单元格,使用相同的方式打开"边框和底纹"对话框的"底纹"选项卡进行设置,不同点在于"应用于"下拉列表要选择"单元格",如图 4-85 所示。

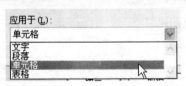

图 4-85 "应用于"下拉列表

(3) 表格边框。添加表格边框的操作步骤参照"表格底纹"内容。在弹出的"边框和底纹"对话框中选择"边框"选项卡,如图 4-86 所示。在此选项卡中选择表格所需的边框"样式"、"颜色"、"宽度"等参数,选择或取消选择右侧预览窗格中的 8 个按钮可分别设置表格 8 种边框线的显示或隐藏,单击"确定"按钮,即可实施表格边框的设置方案。

图 4-86 "边框和底纹"对话框的"边框"选项卡

注意　如果需要对某些单元格设置特殊的边框,可选中这些单元格,使用相同的方式打开"边框和底纹"对话框的"边框"选项卡进行设置,不同点在于"应用于"下拉列表要选择"单元格",如图 4-85 所示。

4.4.3 表格数据的计算和排序

1．计算

在 Word 2010 文档中，可以使用公式对表格中的数据进行计算。

对表格中的单元格可用如 A1、A2、B1、B2 之类的形式进行引用，其中的字母 A、B、C……代表列号，而数字 1、2、3……代表行号。在公式中引用单元格时，单元格之间可用逗号分隔，而选定区域的首尾单元格之间应用冒号分隔，表示一组单元格。例如，公式（函数）"=SUM(A1,B2)"表示求单元格 A1、B2 的和，公式 "=SUM(A1：B2)"表示求 A1、A2、B1、B2 的和。

在表格中使用公式的具体操作方法如下。

（1）将插入点放置在需要输入公式的单元格。

（2）单击"布局"选项卡的"数据"组中的"公式"按钮，弹出"公式"对话框，如图 4-87 所示。

图 4-87 "公式"对话框

（3）将公式文本框改写为 "=average(LEFT)"，大小写字母均可。单击"确定"按钮，在插入点所在单元格插入所有左侧单元格数值的平均值。

（4）修改某个单元格的数值后，可用鼠标右键单击公式所在单元格中的平均值，在弹出的快捷菜单中选择"更新域"命令，更新域后，新的平均值会与当前修改后的情况相符，如图 4-88 所示。

图 4-88 单击"更新域"以更新平均分数值

2．排序

可以使用 Word 2010 对表格中的数据进行排序，Word 将表格中的一行看成一条记录，每列的文本或数据都可以作为排序依据，即作为排序的字段。

（1）将插入点放置在需要排序的表格中。进行排序前的表格如图 4-89 所示。

姓名	英语	数学	平均分
张文文	80	88	84
李丽	90	85	87.5
王小斌	85	90	87.5

图 4-89　排序前的表格

（2）单击"布局"选项卡的"数据"组中的"排序"按钮，打开"排序"对话框，如图4-90 所示。

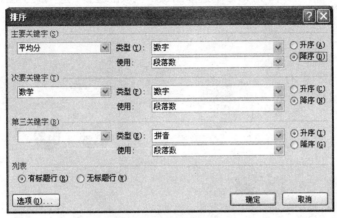

图 4-90　"排序"对话框

（3）在"主要关键字"下拉列表中选择排序的主要依据。在"次要关键字"或"第三关键字"下拉列表中可选择排序的第二和第三依据。例如，在"主要关键字"下拉列表中选择"平均分"，在"次要关键字"下拉列表中选择"数学"。

（4）在"类型"列表框中选择排序的类型，如选择"数字"。

（5）选择排序的顺序，即选择"升序"或"降序"单选按钮。

（6）单击"确定"按钮即可。按平均分和数学分数排序的结果如图 4-91 所示。

姓名	英语	数学	平均分
王小斌	85	90	87.5
李丽	90	85	87.5
张文文	80	88	84

图 4-91　按平均分排序的表格效果

4.5　Word 2010 图文混排

4.5.1　插入和编辑图片

1．插入图片

在 Word 2010 中可以插入系统提供的图片，也可以从其他程序和位置导入图片。Word 2010 提供的剪贴画库内容非常丰富，设计精美、构思巧妙，能够表达不同的主题，适合于制作各种文档，从地图到人物、从建筑到名胜风景，应有尽有。

（1）插入剪贴画。

① 在需要插入剪贴画的位置放置插入点，单击"插入"选项卡的"插图"组中的"剪贴画"按钮，如图 4-92 所示。

② 打开"剪贴画"任务窗格，在"搜索文字"文本框中输入剪贴画的相关主题或文件名

称，单击"搜索"按钮，可以查找到计算机本地或网络中的剪贴画文件，如图 4-93 所示。在网络中查找剪贴画需选中"包括 Office.com 内容"复选框，并在联网的状态下完成操作。

③ 单击搜索出来的剪贴画，即在插入点位置插入该剪贴画。

（2）插入图片。

① 在需要插入图片的位置放置插入点，单击选择"插入"选项卡的"插图"组中的"图片"按钮。

② 在打开的"插入图片"对话框中选择图片所存放的位置，选中某个图片文件，单击"插入"按钮。

图 4-92 "剪贴画"按钮　　　　图 4-93 "剪贴画"任务窗格

此外，选择"插入"选项卡的"插图"组中的"屏幕截图"按钮，可以插入任何未最小化到任务栏的程序截图或者进行屏幕的截取操作。

2．编辑图片

（1）设置图片格式。选中要编辑的图片或剪贴画，打开"格式"选项卡，可以对图片进行各种编辑，如图 4-94 所示。

图 4-94 "格式"选项卡

例如，"更正"按钮用于修改图片的亮度和对比度，"颜色"按钮用于调整图片的色调，用户还可以"删除背景"、设置新的"图片样式"、给图片添加边框、对图片进行必要的"裁剪"、修改图片的"高度"和"宽度"等。单击"更改图片"按钮，弹出的"插入图片"对话框中选择新的图片文件，则新图片文件会以与原图片相同的样式被替换显示出来。

当对所选图片进行"裁剪"操作时，图片的四周会出现 8 条黑色线条，用户可以单击其中一条线条并向图片内侧拖动鼠标，裁剪掉图片中不需要出现的部分。

> 单击"大小"组右下角的"对话框启动器"按钮，打开"布局"对话框的"大小"选项卡，如图 4-95 所示。如果勾选"锁定纵横比"选项，则图片的高度和宽度会同时等比例缩放。

注意

（2）图文混排。默认情况下，绘制的形状会浮在文字的上方，其他图片、剪贴画则会占用一个整行，这些显然不能完全满足图文混排的要求。真正的图文混排包括多种样式，如把图片放到文字下面、让图片单独占据一行或者让文字环绕在图片周围等。

选中要编辑的图片、剪贴画或形状，在"格式"选项卡的"排列"组中的"自动换行"下拉列表中选择图与文的排列位置，如图 4-96 所示。例如，选择"衬于文字下方"，让图片衬在文字的下方，类似于产生这些文字的背景图片效果。

图 4-95　"布局"对话框的"大小"选项卡

图 4-96　"自动换行"下拉列表

"嵌入型"图片与文字是同等级别的，可以随文字内容的变化而移动。用户可以用鼠标拖动图片以调整图片的位置。在其余方式下，图片将相对固定在文档中的某个位置上，不会随文字的移动而移动。"穿越型环绕"与"紧密型环绕"相似，文字围绕图片周围出现。对于"上下型环绕"，文字在图片的顶部换行，在图片下部重新开始，在文字两旁无文字环绕。"浮于文字上方"的图片会压住部分文字，"衬于文字下方"的图片则相反，文字会衬在图片的下方。

4.5.2　插入和编辑图形

Word 2010 提供了一套绘制和格式化图形的工具。

1．插入图形

（1）单击"插入"选项卡的"插图"组中的"形状"下拉列表，如图 4-97 所示。

（2）单击所需形状，再单击文档中需要插入形状的位置，然后拖动鼠标绘制出形状。

注意　　　要创建正方形或圆形，请在拖动鼠标的同时按住 Shift 键。

（3）单击要向其中添加文字的形状，然后键入文字。

（4）如果需要删除形状，则单击要删除的形状边框，然后按 Delete 键。

若要删除多个形状，则在按住 Ctrl 键的同时，依次单击需要删除的形状，然后按 Delete 键。

图 4-97　"形状"下拉列表

2．编辑图形

（1）单击要对其应用新快速样式的形状。

（2）在"绘图工具"的"格式"选项卡的"形状样式"组中，单击所需的快速样式，如图 4-98 所示。

图 4-98　"绘制工具"的"格式"选项卡

（3）修改形状的方法是：单击要修改的形状，在"绘图工具"的"格式"选项卡的"插入形状"组中，单击"编辑形状"按钮 ，指向下拉列表中的"更改形状"，在弹出的菜单中单击所需的新形状。

（4）单击形状，在"格式"工具栏中还可对形状的填充颜色、边框等进行设置。

（5）如果多个形状叠放在一起，则可以右击形状，在弹出的快捷菜单中选择"置于顶层"

或"置于底层"菜单中的选项，以设置形状的叠放次序。

（6）组合多个形状的方法是按住 Shift 键的同时，依次选中多个形状，右击这些形状，在弹出的快捷菜单中选择"组合"→"组合"选项，组合后的多个形状可以作为一个整体进行编辑；如需取消组合可右击这个形状，在弹出的快捷菜单中选择"组合" → "取消组合"选项。

（7）选中形状后，将鼠标指针指向形状顶端的绿色圆形●，拖动它可以改变形状的旋转角度或者在如图 4-95 所示对话框中设置形状的"旋转"角度。

4.5.3　插入和编辑文本框

文本框是独立于文档文本的一种图形对象。

1．插入文本框

（1）单击"插入"选项卡的"文本"组中的"文本框"，如图 4-99 所示。

（2）单击"绘制文本框"选项。

（3）在文档中单击，然后拖动鼠标绘制具有所需大小的文本框。

（4）若要向文本框中添加文本，则在文本框内单击，然后键入或粘贴文本。

如果需要删除文本框，则单击文本框的边框，然后按 Delete 键。

2．编辑文本框

选择文本框后会出现"格式"选项卡，如图 4-98 所示，使用这个选项卡中的命令可以设置文本框的填充颜色、轮廓颜色和粗细等。对于插入文档中的文本框，一般会设置"形状填充"为"无填充颜色"，设置"形状轮廓"为"无轮廓"，使得文本框内的文字与原文档的文本之间无缝对接。

此外，单击文本框的边框，当光标变为十字箭头时，拖动鼠标可以移动文本框的位置。

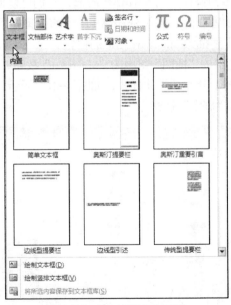

图 4-99　"文本框"下拉列表

4.5.4　插入和编辑艺术字

在报刊杂志上，常常会看到各种各样的美术字，这些美术字给文章增添了强烈的视觉效果，Word 2010 可以帮助用户创建出丰富的艺术字效果。

1．创建艺术字

在 Word 2010 中可以按预定义的形状来创建文字。选择"插入"选项卡的"文本"组中的"艺术字"下拉按钮，打开艺术字库样式列表框，在其中选择一种艺术字样式，即可在文档中创建艺术字，如图 4-100 所示。

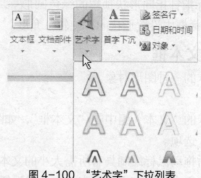

图 4-100 "艺术字"下拉列表

2．编辑艺术字

创建好艺术字后，如果对艺术字的样式不满意，可以对其进行编辑修改。选择艺术字后会出现"格式"选项卡，如图 4-98 所示，使用该选项卡中的命令可以设置艺术字的文本填充颜色、文本轮廓颜色和粗细、文本效果等。

4.5.5 插入和编辑 SmartArt 图形

1．插入 SmartArt 图形

Word 2010 提供了很多预设样式的 SmartArt 图形，它们可以使文档中的文字内容以丰富图形的形式生动地呈现在读者面前。插入 SmartArt 图形的步骤如下。

（1）将插入点放置在需要插入 SmartArt 图形的位置。

（2）单击"插入"选项卡的"插图"组中的"SmartArt"按钮，打开"选择 SmartArt 图形"对话框，在其中选择一种图形分类和具体样式，如图 4-101 所示，如选择"循环"分类中的"基本射线图"样式，单击"确定"按钮。

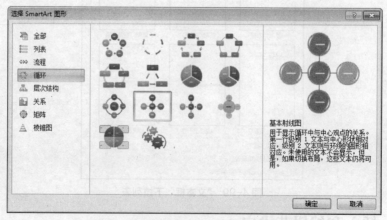

图 4-101 "选择 SmartArt 图形"对话框

2．编辑 SmartArt 图形

（1）在插入的 SmartArt 图形中各个形状内的文字编辑区域输入文本，如图 4-102 所示。

（2）将插入点放置在"个人信息"形状，单击"设计"选项卡（见图 4-103）的"创建图形"组中的"添加形状"按钮，增加一项个人信息的条目，再在新的形状中输入文字即可。

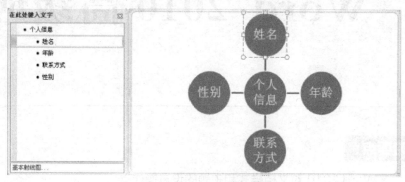

图 4-102　在 SmartArt 图形中输入文本

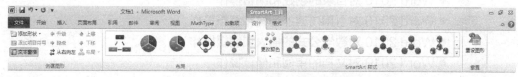

图 4-103　SmartArt 图形"设计"选项卡

（3）单击 SmartArt 图形，再单击"设计"选项卡的"SmartArt 样式"组中的"更改颜色"按钮或直接选择某种 SmartArt 样式，应用效果如图 4-104 所示。

图 4-104　SmartArt 图形效果

4.6　小结

本章主要介绍 Word 2010 的基本功能，对文本、段落和页面格式的基本编辑操作，对表格的编辑操作以及图文混排的方法。

Word 2010 的界面、按钮的组织相比 Word 2007 有了一定的改善，更加强调易用性，各种"所见即所得"的命令工具使得用户的体验更加流畅，制作的文档更趋标准化、专业化。用户在使用鼠标的同时，如果能很好地结合键盘快捷键进行编辑操作，一定会感受到它给操作带来的巨大便捷性。

PART 5
第 5 章
Word 2010 高级应用

为了提高文档的编辑效率，创建有特殊效果的文档，Word 2010 提供了一些高级格式设置功能来优化文档的格式编排。例如，可以使用"样式"任务窗格创建、查看、选择、应用，甚至清除某种文本中的格式，可以创建文档的目录，此外，丰富的审阅、批注和比较功能有助于快速收集和管理来自协作成员的反馈信息，高级的数据集成功能可确保文档与重要的业务信息源保持准确的连接。

5.1 设置文档样式和主题

5.1.1 设置文档样式

样式是指一组已被命名的文字格式与段落格式的集合。用户可预先按某种文字格式与段落格式自定义并命名一种样式，之后就可以将这种样式应用于符合这些格式要求的众多文本中，而不需要每一处分别设置文本的文字格式与段落格式，从而大大提高编辑的效率和准确性。

1. 使用默认样式

选中需要设置样式的文本，如果不选中文本，则会对插入点所在整个段落的文字做相同的设置。单击"开始"选项卡的"样式"组中的样式列表的"其他"按钮，在展开的样式下拉列表中选择所需的样式，如图 5-1 所示。

将鼠标指针放在某个样式上，可以预览所选文本应用了这种样式后的外观效果，然后考虑是否单击选择以应用这种样式。

2．修改默认样式

如果需要修改默认样式的文字格式或段落格式，可用鼠标右键单击"样式"下拉列表中的某种样式按钮，在弹出的快捷菜单中选择"修改"选项，如图 5-2 所示。在打开的"修改样式"对话框中可以设置样式的"名称"、文字格式和段落格式。例如，将"标题 1"样式从默认的属性值修改为字号为"四号"、段落对齐方式为"居中" 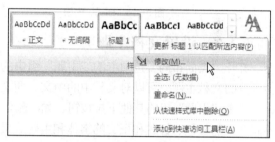 的新样式，样式名称不变，如图 5-3 所示。如果对话框显示出来的"格式"组命令不能满足用户的需求，则可单击对话框下方的"格式"按钮，在弹出的菜单中做进一步的设置。设置完成后，单击"确定"按钮，确定对样式的修改。

当原有样式的格式修改后，原来应用了这些样式的文字或段落均会自动更新它们的显示格式。

图 5-1　Word 2010"样式"下拉列表

图 5-2　"标题 1"样式按钮快捷菜单

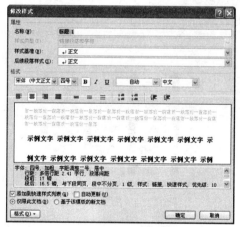

图 5-3　"修改样式"对话框

3．自定义样式

用户也可以自定义新的样式以满足文档的编辑需求。具体操作步骤如下。

（1）单击"开始"选项卡的"样式"组的"对话框启动器"按钮，在打开的"样式"窗格中单击下方的"新建样式"按钮，如图 5-4 所示。

（2）在打开的"根据格式设置创建新样式"对话框中根据需求对文字和段落的格式分别进行设置，并命名样式，然后单击"确定"按钮，保存新定义的样式。

（3）对文档中的文本应用新定义的样式。

在"样式"窗格中单击"选项"命令，打开"样式窗格选项"对话框，在"选择要显示的样式"下拉列表中选择"所有样式"，如图 5-5 所示，可以在"样式"窗格中看到文档中的所有样式。

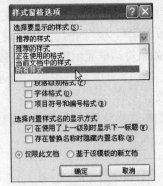

图 5-4　"样式"窗格　　　　图 5-5　"样式窗格选项"对话框

5.1.2　设置文档主题

打开"页面布局"选项卡的"主题"组中的"主题"下拉列表，如图 5-6 所示。选择其中内置的文档主题，可以对文档中的中文、西文字体、颜色和总体效果进行设置。

单击"主题"组的其他下拉按钮，如"颜色"、"字体"和"效果"，可以对已选定主题中不同文字的颜色、标题和正文的字体和主题效果分别进行设置。

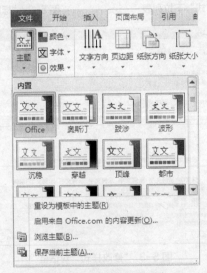

图 5-6　"主题"下拉列表

5.2　设置文档目录

Word 2010 提供了创建长篇文档目录的功能，使用这个功能可以为文档创建符合用户要求的目录，并且当文档内容发生变更后，目录中的内容也可随之发生相应的变化。

创建目录的前提是正确使用"样式"，应用样式的具体操作请参见 5.1.1 的内容。

一般来说，文档标题的常用格式如下。

```
第一章……标题（第1级）
  1.1……标题（第2级）
    1.1.1……标题（第3级）
      ……正文（第4级）
    1.1.2……标题（第3级）
      ……正文（第4级）
  1.2……标题（第2级）
    ……
    ……
第n章……标题（第1级）
  n.1……标题（第2级）
    n.1.1……标题（第3级）
      ……正文（第4级）
    n.1.2……标题（第3级）
      ……正文（第4级）
  n.2……标题（第2级）
    ……
```

5.2.1　创建文档目录

1．设置标题样式

（1）选中文章中所有1级标题段落，或把插入点依次放置在这些标题段落中。

（2）在"开始"选项卡的"样式"组中的"样式"列表中单击某个样式，如单击选择"标题1"，即可将这些文本段落的样式分别设置为"标题1"。

（3）参照步骤（1）、（2）分别设置2、3级标题段落的样式为"标题2"、"标题3"。

全部设置完成后，可打开"视图"选项卡的"显示"组，勾选"导航窗格"复选框，在打开的"导航"窗格的"浏览您的文档中的标题"选项卡 中看到已经设置样式的标题内容，如图5-7所示。

图5-7　"导航"窗格的"浏览您的文档中的标题"选项卡

2．自动生成目录

（1）把光标定位到需要创建目录的位置，一般是文档内容的最前面。

（2）打开"引用"选项卡的"目录"组的"目录"下拉列表，如图5-8所示。选择"自动目录1"，可以在光标所在位置创建包括一共三级标题内容的目录。目录创建效果如图5-9所示。按住Ctrl键的同时，单击目录中的某个标题可以直接跳转到文档中该标题所在的位置。

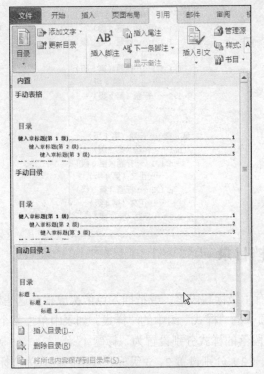

图 5-8 "目录"下拉列表

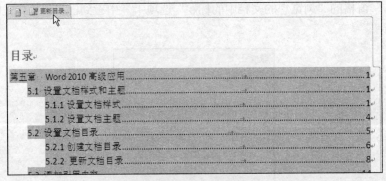

图 5-9 创建目录的效果

（3）在"目录"下拉列表中单击"删除目录"选项，可以自动删除已创建的目录。

（4）在"目录"下拉列表中单击"插入目录"选项，可以打开"目录"对话框，如图 5-10 所示，从中预览目录的实际效果，勾选"显示页码"，可以使目录标题后自动显示其相应页码，在"制表符前导符"下拉列表中可以选择页码与标题之间的连接符号，"常规"组中的"显示级别"默认是"3"，如果修改为"4"，那么目录可以显示包括一共四级标题的内容，前提是用户已给文档中的 4 级标题段落设置"标题 4"的样式。

（5）在打开的"目录"对话框中单击"修改"按钮，打开"样式"对话框，如图 5-11 所示。选中某种样式，如"目录 1"，单击"修改"按钮，打开目录 1 的"修改样式"对话框，可以在这个对话框中对目录 1（即目录中标题 1）的文字格式与段落格式进行相关设置，然后单击"确定"按钮。文档目录中各级标题的格式可以照此依次修改。

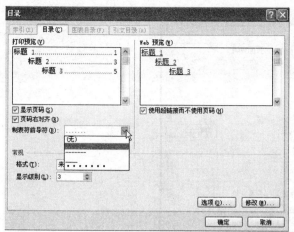
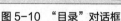

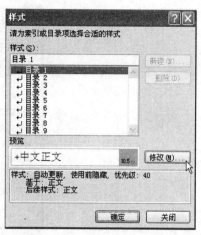

图 5-10 "目录"对话框　　　　　　图 5-11 目录"样式"对话框

 注意　　　如果目录内容占文档多页，则需要在目录与正文之间插入"分节符（下一页）"，在目录节中插入目录的页码以与正文页码区分。

5.2.2 更新文档目录

如果文档的内容有了变动，无论是标题的内容、样式的变化，还是正文内容的增减，都由用户手动修改目录是不现实的，Word 2010 提供了自动更新文档目录的命令。

直接单击目录的位置，如图 5-9 所示，单击目录框左上角的"更新目录"按钮，弹出"更新目录"对话框，如图 5-12 所示，选择"更新整个目录"单选按钮，会更新目录的内容和页码。

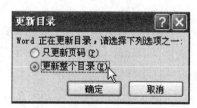

图 5-12 "更新目录"对话框

5.3 添加引用内容

5.3.1 添加脚注和尾注

如果编写文档时，引用了其他文档中的内容，则需要对引用部分进行注释，注释的内容可以放在文档的页面底端（脚注）或文档的结尾处（尾注）。具体操作方法如下。

（1）把插入点移动到需要添加注释的文字之后。

（2）单击"引用"选项卡的"脚注"组右下角的"对话框启动器"按钮，打开"脚注和尾注"对话框，如图 5-13 所示。

（3）在对话框中勾选"脚注"或"尾注"选项，并设置其编号格式、起始编号等格式内容。

图 5-13 "脚注和尾注"对话框

（4）如果需要删除脚注或尾注，则在文档中选定脚注或尾注号，按 Backspace 键或 Delete 键。

5.3.2 添加题注

题注是为文档中的图片、图表、公式、表格等对象添加的编号标签。对于长篇文档来说，对图片、表格等频繁出现的对象进行编号是必要的编辑工作，如编号图 5-1、图 5-2、表 5-1、表 5-2 等。

后期修改文档时，增加或删除文档中的某些图片或表格，对于手工添加编号的文档来说是一项相当繁琐的维护任务。如果事先使用题注功能对这些对象进行编号，那么这项繁杂的工作就会简化为"更新域"的简单操作了。

1．创建题注

（1）单击选中某个需要添加题注的对象，如一张图片。

（2）单击"引用"选项卡的"题注"组中的"插入题注"按钮，如图 5-14 所示。

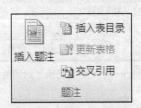

图 5-14 "题注"组按钮

（3）打开"题注"对话框，如图 5-15 所示，在"标签"下拉列表框中选择需要的标签。或者单击"新建标签"按钮，创建满足用户需求的标签，打开"新建标签"对话框，如图 5-16 所示，在"标签"文本框中输入"图 5-"作为第五章中图片的统一标签，单击"确定"按钮，返回"题注"对话框，在"标签"下拉列表中选择新建的标签"图 5-"，在"位置"下拉列表中选择"所选项目下方"，再次单击"确定"按钮，在某个选定图片的下方插入题注"图 5-1"。

（4）题注（即标签和编号）后的图片名称（即题注文字）由用户自行输入。

图 5-15 "题注"对话框

图 5-16 "新建标签"对话框

（5）默认的"题注"样式是"黑体、10 磅、两端对齐"，如果需要修改"题注"样式，可参看"5.1.1 设置文档样式"，将"题注"样式修改为"宋体、小五、居中对齐"。

2．更新题注（更新域）

题注、目录、索引等内容均以"域"的形式插入文档中，当它们被单击时，会以灰色底纹高亮显示。

"域"相当于文档中可能发生变化的数据，"域"嵌入文档中，可用于实现数据的获取、计算、索引及邮件合并等功能。

由于题注的内容是以"域"的形式插入文档中的，所以这些内容可以随着文档中图片、表格的增减而更新变化。更新的方法是右击题注编号所在的位置，此时它以灰色底纹高亮显示，在弹出的快捷菜单中选择"更新域"。或者按 Ctrl+A 组合键全选文档，按 F9 键对文档所有内容中插入的域进行更新。

3．在文档中引用题注

在文档中引用题注的内容，也可使用 Word 提供的"交叉引用"命令。操作步骤如下。

（1）将光标置于文档需要引用题注的位置。

（2）单击"引用"选项卡的"题注"组中的"交叉引用"按钮，打开"交叉引用"对话框，如图 5-17 所示。

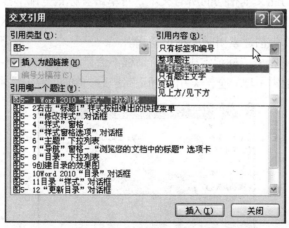

图 5-17 "交叉引用"对话框

（3）在"引用类型"下拉列表中选择之前新建的标签"图 5-"，在"引用内容"下拉列表中选择"只有标签和编号"，在"引用哪一个题注"列表中选择某个题注，如选中题注"图 5-1 Word 2010…"，单击"插入"按钮，该对话框不会关闭并且在光标所在位置插入被选中题注的标签和编号，如"5-1"。

由于引用内容也是"域"，如果图片、表格等对象发生增减，题注内容随之发生变化，那么，引用内容也可采用"更新域"方式进行自动修正。或者按 Ctrl+A 组合键全选文档，按 F9 键对文档所有内容中插入的域进行更新。

5.3.3 添加索引

索引是指将文档中具有检索意义的事项（如人名、地名、词语、概念等）按照一定方式有序地编排起来，并显示它们出现的页码。可以通过提供文档中主索引项的名称和交叉引用来标记索引项，从而创建索引。

1．标记索引项

索引项是用于标记索引中特定文字的域代码。当选择现有文本或新键入文本并将其标记为索引项时，Word 会添加一个特殊的 XE（索引项）域，该域包括标记好的主索引项以及用户选择包含的任何交叉引用信息。标记索引项的具体操作步骤如下。

（1）若要使用某些已有文本作为索引项，可选择该文本，如选中文档中的"索引项"词条。若要输入新的文本作为索引项，则在需要插入索引项的位置单击。

（2）单击"引用"选项卡的"索引"组中的"标记索引项"按钮，如图 5-18 所示。

图 5-18 "索引"组按钮

（3）在打开的"标记索引项"对话框中的"主索引项"文本框中键入或编辑文本，如图 5-19 所示。

（4）若要标记这一处的索引项，则可单击"标记"按钮。

若要标记文档中与此文本相同的所有文本，可单击"标记全部"按钮。例如，单击"标记全部"按钮后，文档中所有出现"索引项"词条的位置之后均出现 XE 域，这个域在打印时不会显示出来，只作为创建索引时的标记使用。

（5）标记一个索引项后，"标记索引项"对话框不会自动关闭，用户可继续选择其他文本，在该对话框中标记其他索引项。全部索引项标记完毕后，单击"关闭"按钮，关闭该对话框。

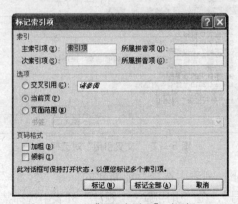

图 5-19 "标记索引项"对话框

注意 　　在"标记索引项"对话框中的"次索引项"文本框中键入的文本用于对索引文本对象进行更深一层的限制。选择"交叉引用"单选按钮，可创建对另一个索引项的交叉引用。若要设置索引中显示的页码格式，可勾选"页码格式"下方的"加粗"复选框或"倾斜"复选框。若要设置索引的文本格式，可右击"主索引项"或"次索引项"文本框中的文本，在弹出的快捷菜单中单击"字体"，在弹出的"字体"对话框中修改需要使用的格式选项。

2．创建索引

标记索引项后，可以选择一种索引样式并将索引插入文档中。创建索引的具体操作步骤如下。

（1）单击要添加索引的位置，一般是文档的末尾处。

（2）单击"引用"选项卡的"索引"组中的　"插入索引"按钮。

（3）打开"索引"对话框，如图 5-20 所示。索引产生的"栏数"默认为 2。如果"语言"是"中文（中国）"，则"排序依据"可选拼音或笔画，如果"语言"是"英语（美国）"，则采用默认的 A-Z 排序方式。可以在"格式"下拉列表中选择"流行"模板，在"打印预览"中查看索引的大致效果。

（4）单击"确定"按钮，产生如图 5-21 所示的索引效果图。

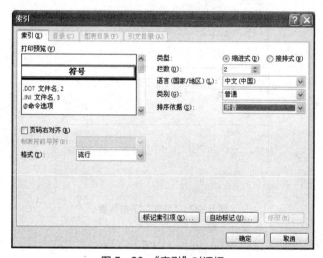

图 5-20　"索引"对话框

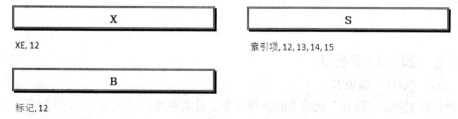

图 5-21　创建索引效果图

3．更新索引项

如果文档内容发生变化，需要更新索引，可单击"引用"选项卡的"索引"组中的"更新索引"按钮或以更新域的方式完成操作。

5.4 插入和编辑数学公式

5.4.1 插入数学公式

Word 2010 包括编写和编辑公式的内置支持。插入数学公式的操作步骤如下。

（1）将光标放置在文档中需要插入公式的位置，在"插入"选项卡的"符号"组中的"公式"下拉列表（见图 5-22）中选择某个内置的公式，即可在光标所在位置插入这个公式，单击公式内部可以对其进行编辑操作。

（2）如果在"公式"下拉列表中选择"插入新公式"命令，公式的"设计"选项卡自动打开，如图 5-23 所示，并且用户可以在光标所在位置看到公式编辑小窗口 ，可以在此窗口中输入或编辑公式。

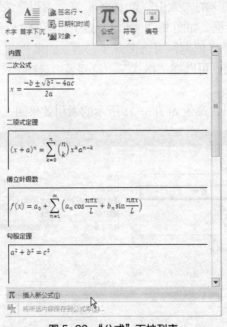

图 5-22 "公式"下拉列表

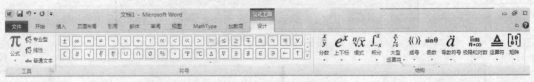

图 5-23 公式"设计"选项卡

5.4.2 编辑数学公式

1. 公式"设计"选项卡

编辑公式主要由"设计"选项卡的各种命令工具来完成。

（1）在"设计"选项卡中，"符号"组默认显示"基础数学"符号，单击符号列表的其他按钮 ，可打开"基础数学"的全部符号，单击左上角的"基础数学"下拉按钮，可弹出多种符号类别菜单，用户可自行选择，如图 5-24 所示。

（2）"设计"选项卡的"结构"组中显示了各种数学结构类别，包括分数、上下标、根式等，打开每一种类别的下拉按钮，可弹出该类别的更多选项，如图 5-26 所示。

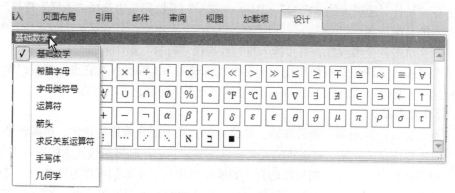

图 5-24 "符号"类别列表

2. 公式编辑案例

输入如图 5-25 所示的公式，具体步骤如下。

$$S_{ij} = \sum_{k=1}^{n} \alpha_{ik} \times \beta_{kj}$$

图 5-25 创建公式效果图

（1）单击公式小窗口，在"设计"选项卡的"结构"组中的"上下标"下拉列表中选择"下标"符号□□，如图 5-26 所示。

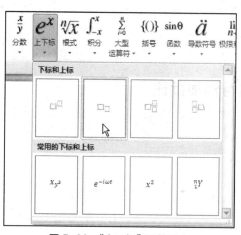

图 5-26 "上下标"下拉列表

（2）单击公式中的第一个虚线框，输入字母"S"；单击下标虚线框输入字母"ij"。

此时，光标如果放置在"ij"之后，"ij"被高亮显示出来时，形如 ij，则之后输入的符号均会与"ij"同等级。例如，输入等号"＝"后，会显示为 ij＝ 。

（3）使用右方向键->，使光标向后移动，此时输入的符号将与 S 同等级，输入等号"＝"。

（4）在"设计"选项卡的"结构"组中的"大型运算符"下拉列表中选择"求和"符号 Σ 。

（5）单击求和符号的上标虚线框，输入"n"；单击下标虚线框，输入"k=1"。

（6）单击求和符号右侧的虚线框，重复步骤（1），选择"下标"符号 ▫▫ 。

（7）在"设计"选项卡的"符号"组中的"乘号"下拉列表中选择"下标"符号 ▫▫ 。此时求和符号的右侧形如 ▫ × ▫ 。

（8）依次单击各个虚线框，直接输入符号或选择"符号"组中的符号按钮。

（9）公式输入完毕后，可使用设置文字格式或段落格式的操作对它进行编辑；单击公式内部可直接对其进行修改，按 Backspace 键可删除公式中光标之前的内容。

3．操作要点提示

（1）选定公式中的元素。能否准确、熟练地对公式中的元素进行选定，是编辑公式的基础。直接单击要选定的元素，被选定的元素会以高亮显示，此时可对该元素的内容进行编辑。

（2）复制和移动公式。复制和移动公式的操作方法与对文本的操作方法类似。其中选中整个公式的方法是先单击公式内部，再单击公式外框线的左上角按钮即可，如图 5-27 所示。

也可以将公式中的部分元素选中后复制或移动到文档的其他部分，粘贴后的内容也是一个公式。

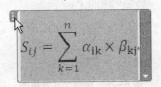

$$S_{ij} = \sum_{k=1}^{n} \alpha_{ik} \times \beta_{kj}$$

图 5-27　选中整个公式

（3）给公式添加编号。文档中的公式与文字混排时应该给公式添加编号，用户可采用"5.3.2 添加题注"介绍的方法来完成。

5.5　审阅文档

5.5.1　修订文档与添加批注

文档交予其他用户共同处理时，通常应采用修订模式，以跟踪其他用户对文档的所有更改，或者其他用户采用对文档中所选内容添加批注的方式来提出自己的见解。Word 还提供了审阅这些修订与批注的功能。

1．修订文档

只有在"修订"状态下，Word 才会开始记录用户对文档的所有更改信息。因此，其他用户在批阅文档时，应首先打开"修订"状态，打开的方法是单击"审阅"选项卡的"修订"组中的"修订"按钮，如图 5-28 所示。

图 5-28　"修订"组命令

"修订"状态打开后，用户对文档做任何更改，如删除文字、添加文字、修改文字和段落格式等均会通过颜色或下画线的方式标记出来，文档右侧同时显示更改操作的提示信息框，如图 5-29 所示。

关闭"修订"状态的方法是取消选择"审阅"选项卡的"修订"组中的"修订"按钮。

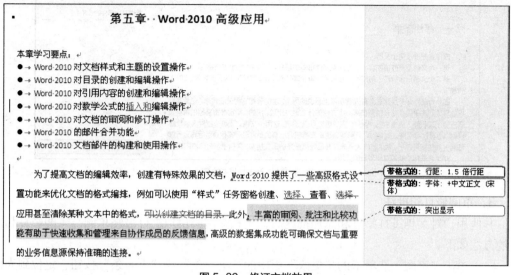

图 5-29 修订文档效果

如果需要修改修订后的默认标记格式，可在"审阅"选项卡的"修订"组中的"修订"下拉列表中，选择"修订选项"命令，在打开的"修订选项"对话框中进行设置。

在"审阅"选项卡的"修订"组中的"显示标记"下拉列表中可以选择修改允许显示出来的标记的类型。

2．添加批注

如果需要对文档中的某些内容添加评语之类的说明文字，可以采用"添加批注"的方式。添加批注的方法如下。

（1）选中需要添加批注的文本。

（2）单击"审阅"选项卡的"批注"组中的"新建批注"按钮，添加批注，如图 5-30 所示。然后在批注编辑框中输入相关说明文字。被选中的文字会以底纹高亮显示并链接一个用于输入批注的编辑框，如图 5-31 所示。

图 5-30 "批注"组命令

如果需要删除批注，可用鼠标右键单击批注框，在弹出的快捷菜单中选择"删除批注"；或者在"审阅"选项卡的"批注"组中的"删除"下拉列表中选择"删除文档中的所有批注"选项。

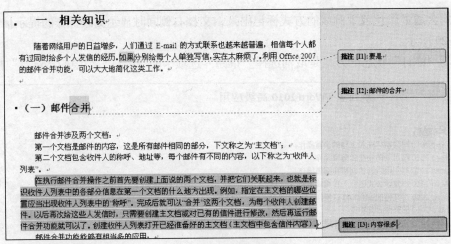

图 5-31　添加批注效果

3．审阅修订和批注

其他用户对文档进行修订和添加批注后，文档交由原用户进行最终审阅。审阅修订和批注的方法如下。

（1）单击"审阅"选项卡的"更改"组中的"上一条"或"下一条"按钮，定位到光标所在位置的前一处或后一处的修订或批注。

（2）如果光标停在某处修订或批注，在"审阅"选项卡的"更改"组的"接受"下拉列表（见图 5-32）中选择 "接受并移到下一条"选项，则此处修订或批注会被接受，并且光标会自动定位到下一条修订或批注的位置，重复选择这个选项，直到审阅文档中的所有修订或批注。选择下拉列表中的"接受对文档的所有修订"选项，可以一次性接受文档中的所有修订或批注。

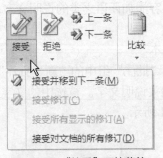

图 5-32　"接受"下拉菜单

（3）如果光标停在某处修订或批注，单击"审阅"选项卡的"更改"组中的"拒绝"按钮，表示拒绝对此处的修订或批注，则修订或批注会被删除。用户可以重复选择这个选项或选择 "拒绝"下拉列表中的"拒绝对文档的所有修订"选项，直到审阅文档中的所有修订或批注。

5.5.2　快速比较文档

文档经过审阅后，用户可能希望通过对比来查看文档修改前后两个版本的变化情况，Word 2010 提供了实现这一要求的工具，前提是修改前后应有两个文档文件。快速比较文档的具体操作步骤如下。

（1）在"审阅"选项卡的"比较"组中的"比较"下拉列表（见图5-33）中选择"比较"选项，打开"比较文档"对话框。

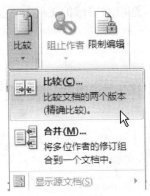

图5-33 "比较"下拉列表

（2）在"原文档"区域浏览找到原始文档，在"修订的文档"区域浏览找到修订后的文档，如图5-34所示。

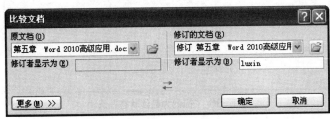

图5-34 "比较文档"对话框

（3）单击"确定"按钮后，会出现文档修订前后的两个版本，如图5-35所示。左侧窗格显示并统计了两个文档之间的具体不同之处，中间是"比较的文档"的内容，右侧的上、下两个窗格分别表示"原文档"和"修订的文档"的内容。"比较的文档"也可以保存下来。

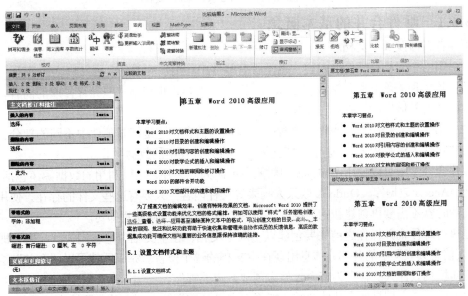

图5-35 比较文档效果

5.5.3 标记文档为最终状态

文档确定完成后，用户可将文档设置为最终状态，以免文档被再次编辑修改，设置的方法是在"文件"选项卡的"信息"选项的"保护文档"下拉列表中选择"标记为最终状态"选项，如图 5-36 所示。

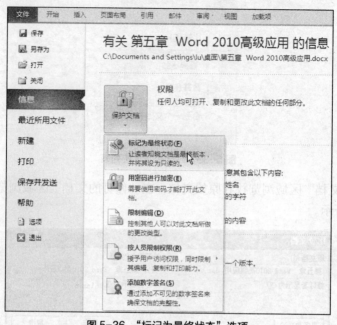

图 5-36 "标记为最终状态"选项

5.6 使用邮件合并功能批处理文档

如果用户希望批量制作和处理文档，如完成《录取通知书》文档的制作工作，则利用 Word 2010 的邮件合并功能，可以大大简化这类工作的繁杂和重复性。

5.6.1 邮件合并的基本概念

邮件合并涉及 3 个文档。

（1）第一个文档是邮件的内容，也是所有邮件中均出现的部分，可以称之为"主文档"。所有邮件均出现的部分既包括相同的文本、图片等内容，也包括一些允许修改的内容，这部分内容以"合并域"的形式放置在邮件的某个位置。

（2）第二个文档中包含收件人的称呼、地址等信息，这是每封邮件中不同的部分，可以称之为"收件人信息列表"，这个文档也是邮件合并过程中的数据源。

邮件合并除了可以使用由 Word 创建的数据源列表之外，可以利用的数据源还包括 Excel 工作簿、Access 数据库、Outlook 联系人列表等文件内容。只要有这些文件的存在，使用邮件合并功能时就不需要再创建新的数据源，直接打开这些数据源使用即可。

在执行邮件合并操作之前先要创建以上两个文档，在主文档中把它们关联起来，即标识"收件人信息列表"中的各部分信息出现在主文档的哪个位置。完成后就可以"合并"这两个文档，即根据收件人的信息为每个收件人创建各自的邮件。

（3）第三个文档是使用邮件合并功能将主文档与数据源内容合并之后输出的最终文档。

5.6.2 邮件合并功能举例

下面通过《录取通知书》文档的制作过程来讲解 Word 2010 邮件合并功能的应用，编辑完成后的效果如图 5-51 所示。

1. 创建主文档

主文档中的内容分为两部分，一部分是固定不变的，另一部分是可变的，与数据源文件中的内容相对应。下面先创建主文档，并输入其中固定不变的部分，如图 5-37 所示。

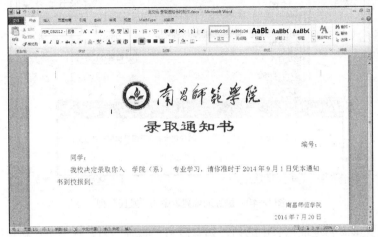

图 5-37　主文档的固定文本部分

2. 创建数据源文件

（1）在 "邮件" 选项卡的 "开始邮件合并" 组中的 "选择收件人" 下拉列表（见图 5-38）中选择 "键入新列表" 选项，打开 "新建地址列表" 对话框，如图 5-39 所示。

图 5-38　"选择收件人" 下拉列表

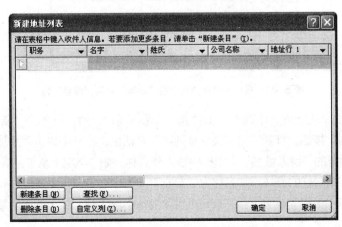

图 5-39　"新建地址列表" 对话框

（2）可以根据实际需要重新设置地址列表中的列。若要删除某列，如删除"姓氏"列，可单击"新建地址列表"对话框的"自定义列"按钮，打开"自定义地址列表"对话框，在"字段名"列表中选择要删除的列（"姓氏"列），单击"删除"按钮，在弹出的提示对话框中单击"是"按钮，如图5-40所示。

图5-40　删除地址列表中的"姓氏"列

（3）若需要重命名地址列表中的列，如重命名"职务"列，可单击"新建地址列表"对话框的"自定义列"按钮，打开"自定义地址列表"对话框，在"字段名"列表中选择需重命名的列，如"职务"，单击"重命名"按钮，在打开的"重命名域"对话框的"目标名称"编辑框中输入新的列名称，如"编号"，单击"确定"按钮，如图5-41所示。

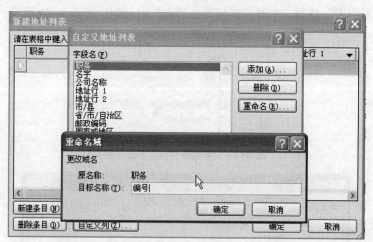

图5-41　重命名地址列表中的"职务"列为"编号"列

（4）若需要添加地址列表中的列，如添加"学院（系）"列，可单击"新建地址列表"对话框的"自定义列"按钮，打开"自定义地址列表"对话框，在其中单击"添加"按钮，在打开的"添加域"对话框的"键入域名"文本框中输入列名称，如"学院（系）"，单击"确定"按钮，如图5-42所示。用同样的方法添加名称为"专业"的列。选中"自定义地址列表"对话框中的某个字段名，单击"上移"或"下移"按钮可以改变该字段（列、域）的前后顺序。

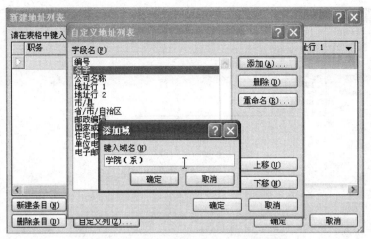

图 5-42 添加"学院（系）"列至地址列表

（5）完成列的删除、重命名和添加等设置后，单击"自定义地址列表"对话框中的"确定"按钮，在"新建地址列表"对话框的列中输入相应的信息。如要添加 行，可单击"新建条目"按钮，然后输入相应的信息，完成后的效果如图 5-43 所示。最后单击"确定"按钮，打开"保存通讯录"对话框。

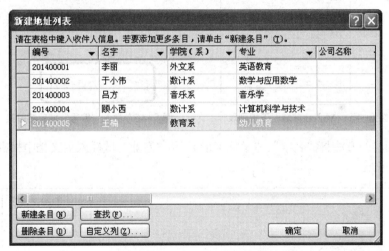

图 5-43 创建完成的地址列表

（6）在"保存通讯录"对话框中指定保存文件的位置以及文件名称，如图 5-44 所示，然后单击"保存"按钮保存数据源文件。

3．将数据源合并到主文档中

（1）将光标定位在主文档中需要插入合并域的位置，如将光标放在"编号："之后，然后单击"邮件"选项卡的"编写和插入域"组中的"插入合并域"下拉按钮，在展开的列表中选择"编号"选项，如图 5-45 所示，将"编号"域插入光标处。插入"编号"域后的效果如图 5-46 所示。

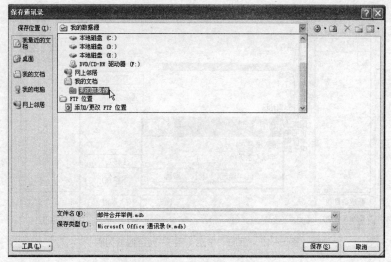

图 5-44 "保存通讯录"对话框

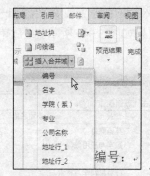

图 5-45 "插入合并域"下拉列表

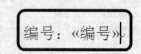

图 5-46 插入"编号"域后的效果

（2）用同样的方法将"名字"、"学院（系）"和"专业"域插入主文档中相应的位置，效果如图 5-47 所示。

图 5-47 插入"合并域"后的效果

（3）如有需要，可以选中插入主文档中的"姓名"、"学院（系）"、"专业"和"编号"域，为其设置字符格式。例如，将它们设置为"小二"号、"黑体"字。

（4）如果要预览邮件合并后的效果，可单击"邮件"选项卡的"预览结果"组中的"预览结果"按钮，然后单击该组中的"上一记录"或"下一记录"按钮，如图 5-48 所示，再次单击"预览结果"按钮，可退出预览模式。

图 5-48 "预览结果"组按钮

（5）在"邮件"选项卡的"完成"组中的"完成并合并"下拉列表中选择"编辑单个文档"选项，如图 5-49 所示。

图 5-49 "完成并合并"下拉列表

（6）在打开的"合并到新文档"对话框中选择"全部"单选按钮，如图 5-50 所示，然后单击"确定"按钮，Word 将根据设置自动合并文档，并将全部记录存放在一个默认名为"信函 1"的新文档中，如图 5-51 所示。

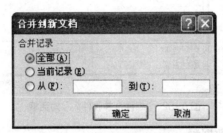

图 5-50 "合并到新文档"对话框

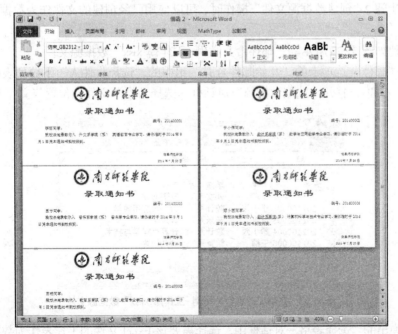

图 5-51 录取通知书效果图

4. 修改数据源的数据

如果需要修改数据源的数据，可以单击"邮件"选项卡的"开始邮件合并"组中的"编辑收件人列表"按钮，打开"邮件合并收件人"对话框，如图 5-52 所示。在上方窗格中被勾选☑的数据条目是允许在邮件合并时使用的数据，如果不需要可以取消勾选某些数据条目。选择"数据源"组中的数据源文件，如"邮件合并举例.mdb"，单击"编辑"按钮，可打开"编辑数据源"对话框，对数据进行相应的修改后单击"确定"按钮，返回"邮件合并收件人"对话框，单击"确定"按钮。

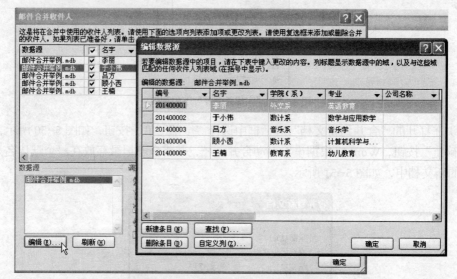

图 5-52　"邮件合并收件人"对话框

5．使用已有文件作为数据源

在执行步骤 2"创建数据源文件"操作时，可以使用已经创建的文件作为数据源。操作步骤如下。

（1）创建如图 5-53 所示的"邮件合并举例-工作簿.xlsx"数据源文件。

（2）在"邮件"选项卡的"开始邮件合并"组中的"选择收件人"下拉列表中选择"使用现有列表"选项，打开"选取数据源"对话框，选择数据源文件的位置与文件名。

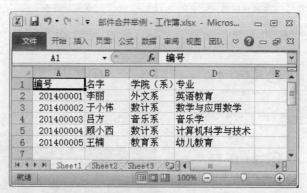

图 5-53　创建"邮件合并举例-工作簿.xlsx"数据源文件

（3）在弹出的"选择表格"对话框中，选择需要该 Excel 文件的工作表作为数据源，由于数据内容放置在"Sheet1"中，所以选择"Sheet1$"，如图 5-54 所示。

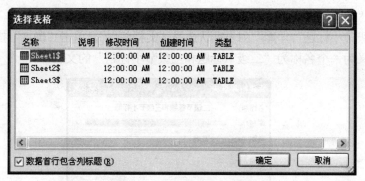

图 5-54　"选择表格"对话框

（4）参照步骤 3 执行邮件合并功能。

6．再次打开邮件合并主文档

关闭主文档后，再次打开它，Word 会弹出提示对话框，询问用户是否允许在该文档中放置数据库中的数据，如果希望在主文档中继续访问这些数据源，则单击"是"按钮（见图 5-55）。

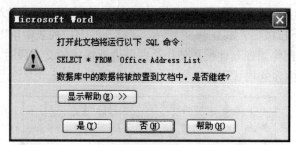

图 5-55　询问"是否将数据库中的数据放置到文档中"的对话框

5.7　构建并使用文档部件

文档部件是指对某一段文档内容（文本、段落、表格、图片等文档元素）进行封装后形成的对象，目的是在文档的其他位置或其他文档中重复使用这些内容。

5.7.1　构建文档部件

构建自定义文档部件的步骤如下。

（1）选定文档中希望被重复使用的内容。例如，选定几段已设定好标题格式的文本，如图 5-56 所示，假设要求今后文档编写都遵照这个格式来设置节标题和节的小标题。

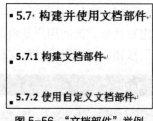

图 5-56　"文档部件"举例

（2）在"插入"选项卡的"文本"组中的"文档部件"下拉列表中选择"将所选内容保存到文档部件库"选项。

（3）打开"新建构建基块"对话框，如图 5-57 所示，输入该文档部件的"名称"为"二级节标题和三级节小标题"，"库"列表默认选择"文档部件"，单击"确定"按钮，这几段标题文本被自定义为一个名称为"二级节标题和三级节小标题"的文档部件。

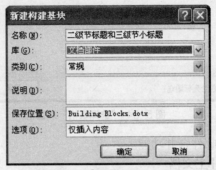

图 5-57　"新建构建基块"对话框

5.7.2　使用自定义文档部件

光标放置在文档中需要再次使用已定义文档部件的位置，单击"插入"选项卡的"文本"组中的"文档部件"下拉按钮，如图 5-58 所示，在打开的下拉列表中单击自定义的文档部件，即可使用自定义文档部件。在其他位置使用这些已设置格式的文本段时，只需修改节标号和节标题的内容即可，内容的格式不会改变。

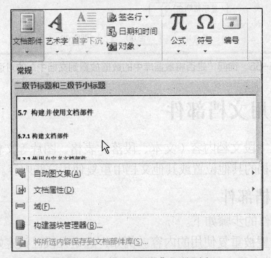

图 5-58　"文档部件"下拉列表

如果其他文档或者关闭该文档再次打开时，还想继续使用这些自定义的文档部件，那么在关闭这个文档之前，Word 会弹出对话框，询问用户是否保存对文档构建基块模板的修改，如图 5-59 所示，如果单击"保存"按钮，则可以在其他文档中使用这些自定义的文档部件。

图 5-59　询问"是否保存文档部件"的对话框

5.8 小结

本章主要介绍 Word 2010 中文档样式和主题的设置，目录的创建和编辑，脚注和尾注、题注和索引的创建和编辑，公式的创建，文档的审阅，邮件合并功能以及文档部件的构建和使用方法。

为了创建具有专业水准的文档，同时提高文档的编辑效率，Word 2010 提供了一些高级格式设置功能来优化文档的格式编排，样式与主题功能让整篇文档的格式和风格统一并且易于操作实施；根据文档实际内容自动更新的域（包括目录、题注编号、索引项等）、审阅功能和数据集成功能大大提高了文档编辑的效率和准确性。要求用户在掌握这些功能的基本操作方法的同时，在实践中加以利用。

PART 6

第 6 章
Excel 2010 基本应用

本章学习要点:

- Excel 2010 的基本概念和基本功能
- 工作簿和工作表的基本概念和基本操作
- 工作表的格式化
- 单元格绝对地址和相对地址的概念
- 工作表中公式的使用
- 常用函数的使用
- 图表的建立和编辑
- 数据内容的排序、筛选、分类汇总和数据合并
- 数据透视表和数据透视图的建立
- 工作表的页面设置和打印
- 工作表中链接的建立
- 保护和隐藏工作表

Excel 2010 是 Microsoft 公司的电子办公软件套装 Office 的重要组成部分。它以界面友好、操作方便为特点,具有强大的运算功能和表格、图表制作功能。Excel 2010 创建的是工作簿,每一个工作簿文件由多个工作表组成。Excel 可以将数据清单自动视为数据库,对其进行排序、筛选、分类汇总、建立数据透视表。它可以进行各种数据处理、统计分析和辅助决策,被广泛应用于管理、统计财经、金融等众多领域。

6.1　Excel 2010 基础

6.1.1　Excel 2010 的启动

启动 Excel 2010 的常用方法有以下 3 种。

(1)单击桌面下方任务栏左端的"开始"按钮,选择"所有程序"→"Microsoft Office"→"Microsoft Excel 2010"命令。

（2）如果桌面上有 Excel 2010 的快捷方式图标"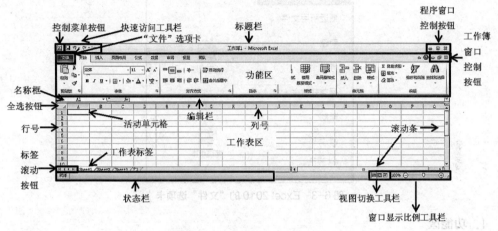"，则可双击该图标启动程序。

（3）在任意文件夹中找到图标为▣的文件，其扩展名为".xlsx"或".xls"，可双击该文件，在打开 Excel 程序的同时也打开了该工作簿文件。

6.1.2　Excel 2010 操作界面

启动 Excel 2010 后即可进入其操作界面，同时自动创建一个名为"工作簿 1"的 Excel 新文档，如图 6-1 所示。

图 6-1　Excel 2010 的操作界面

1．标题栏

标题栏位于 Excel 2010 操作界面的顶端，其中显示了当前编辑的工作簿名称、应用程序的名称和 3 个窗口控制按钮。

2．快速访问工具栏

Excel 2010 中的快速访问工具栏位于"控制菜单按钮"的右侧，如图 6-2 所示，用于放置使用频率较高的命令。要在快速访问工具栏中添加或删除命令，可单击快速访问工具栏右侧的"自定义快速访问工具栏"按钮，在弹出的菜单中勾选或取消勾选需要向其中添加或删除的工具命令。

⟵"自定义快速访问工具栏"按钮

图 6-2　Excel 2010 默认的快速访问工具栏

3．"文件"选项卡

"文件"选项卡位于操作界面的左上角，如图 6-3 所示，它的功能类似于 Excel 原来版本中的　"文件"菜单或 2007 版中的"Office 按钮"，并且增加了一些功能。

单击"文件"选项卡，可在展开的菜单列表中执行新建、打开、保存、另存为、关闭、打印以及退出 Excel 程序的操作。此外，允许用户查看"最近所用文件"及其所在位置，提供联机或脱机"帮助"以及众多 Excel "选项"的设置权限。

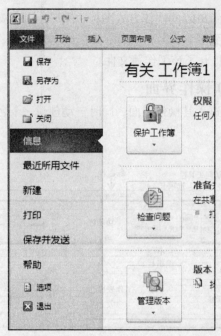

图 6-3　Excel 2010 的"文件"选项卡

4．功能区

功能区位于标题栏的下方，用于存放编辑工作簿时需要的命令。单击功能区中的选项卡（如"开始"选项卡、"插入"选项卡），可切换功能区中显示的命令，在每一个选项卡中，命令又被分类放置在不同的组内。组的右下角通常会有一个"对话框启动器"按钮，用于打开与该组命令相关的对话框，以便对需要进行的操作做深入设置。此外，功能区右上角的"功能区最小化"按钮用于使功能区呈现最小化状态，同时使文档编辑区所占区域扩大。最小化功能区后，单击此处的"展开功能区"按钮，可重新展开功能区。功能区的各组成部分如图 6-4 所示。

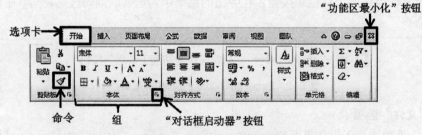

图 6-4　Excel 2010 的功能区

5．视图切换工具栏

可单击视图切换工具栏中的按钮，切换查看工作簿中工作表的方式。另一种切换视图的方式是选择"视图"选项卡的"工作簿视图"组中的各个视图命令。

（1）普通视图：是 Excel 打开时的默认编辑视图。

（2）页面布局视图：通过该视图，可以查看工作表的打印外观，设置工作表的页眉和页脚，也可以通过标尺调整页边距。

（3）分页预览视图：使用该视图可以了解打印时的页面分页位置。

（4）自定义视图：可以设置用户定义的个性视图效果，如为不同的打印设置保存不同的视图。

（5）全屏视图：以全屏的方式显示页面的表格，使浏览页面数据范围更大，便于在数据量较大时浏览更多内容。

6．窗口显示比例工具栏

窗口显示比例工具栏由"缩放级别"按钮和缩放滑块组成，用于改变正在编辑工作表的显示比例。

6.1.3 创建工作簿和工作表

1．基本概念

（1）工作簿和工作表。创建 Excel 2010 文档，就是创建 Excel 2010 工作簿（.xlsx）。Excel 中的每个工作簿包含若干工作表，一个工作簿最多包含 255 个工作表。

新的工作簿默认包含 3 个工作表，名称为 Sheet1、Sheet2 和 Sheet3。右击工作表标签处的某个工作表，弹出的快捷菜单如图 6-5 所示。用户可以从中选择命令执行插入、删除、重命名、移动、复制工作表以及给工作表标签设置颜色等操作。如果工作表数量较多，则可以使用工作表标签左侧的 4 个标签滚动按钮来将所需工作表显示在工作表标签处。

图 6-5 工作表标签快捷菜单

其中，右击工作表标签处的工作表，在弹出的快捷菜中选择"移动或复制"命令，打开"移动或复制工作表"对话框，如图 6-6 所示。勾选"建立副本"复选框，即可建立 Sheet1 的副本（即复制 Sheet1）并放至 Sheet1 之前，副本工作表的名称默认为"Sheet1（2）"，工作表标签如图 6-7 所示。

图 6-6 "移动或复制工作表"对话框

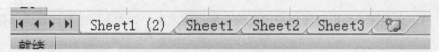

图 6-7 复制工作表后工作表标签的效果

（2）单元格。工作表由排列成行或列的单元格组成。在 Excel 中可以处理大量的数据，其工作表可以包含多达 1 048 576 行和 16 384 列的数据。单元格的名称由列号和行号组成，其中，列号由字母表示，分别是 A～Z、AA～AZ、BA～BZ、...、ZA～ZZ、AAA～AAZ、ABA～ABZ、...。XFA～XFD；行号由数字表示，分别是 1～1048576。如图 6-8 所示，工作表最后一个单元格的名称为"XFD1048576"。

XFD1048576	▼		f_x			
	XEY	XEZ	XFA	XFB	XFC	XFD
1048570						
1048571						
1048572						
1048573						
1048574						
1048575						
1048576						

图 6-8 单元格名称

（3）活动单元格。单击工作表的某个单元格时，这个单元格的边框呈黑色，它被称为当前单元格或活动单元格。工作表的名称框处会显示活动单元格的名称。

在名称框输入某个单元格的名称，按 Enter 键，则该单元格会自动选定为活动单元格。

在名称框输入某（些）行的名称，如输入"1:1"、"3:6"，按 Enter 键，则这些行的所有单元格会被自动选定。

在名称框输入某（些）列的名称，如输入"A:A"、"C:D"，按 Enter 键，则这些列的所有单元格都被自动选定。

2．创建工作簿

启动 Excel 2010 后，程序默认创建一个名为"工作簿 1"的 Excel 新空白文档。此外，也可使用以下方式创建工作簿。

（1）单击"文件"选项卡中的"新建"命令，在右侧窗格中选择"空白工作簿"或其他模板，单击右下角的"创建"按钮，如图 6-9 所示。

注意 | 在没有联网的情况下，只能在"可用模板"组中的各种模板中选择，单击"创建"按钮，即可创建相应模板的工作簿。如果计算机已联网，则可在"Office.com 模板"中选择需要的模板或搜索相关主题的模板，单击"下载"按钮，可以下载模板并创建该模板的工作簿。

（2）按 Ctrl+N 组合键即可创建一个 Excel 空白工作簿，文件名默认为"工作簿 2"、"工作簿 3"，以此类推。

图 6-9　新建工作簿

6.1.4　保存和保护工作簿

1．保存工作簿

（1）第一次保存默认名称的 Excel 工作簿。

● 单击"文件"选项卡中的"保存"命令或者"另存为"命令。

● 单击"快速访问工具栏"中的"保存"按钮 📄。

● 按 Ctrl+S 组合键。

以上几个操作均会出现"另存为"对话框。在"另存为"对话框中选择保存工作簿的位置，输入工作簿的文件名，保存类型默认为"Excel 工作簿"，其扩展名为".xlsx"，最后单击"保存"按钮。

（2）保存已经命名的 Excel 工作簿。

● 单击"文件"选项卡中的"保存"命令。

● 单击"快速访问工具栏"中的"保存"按钮 📄。

● 按 Ctrl+S 组合键。

执行以上几个操作后，系统均会按原路径和文件名保存当前 Excel 工作簿。

如果要将文件以新的存储路径或文件名进行保存，就需要单击"文件"选项卡中的"另存为"命令。如果要将文件保存为其他格式，则在"另存为"对话框的 "保存类型"下拉列表中选择所需格式即可。

（3）设置工作簿的自动保存间隔时间。

为了避免因断电、死机等意外造成工作簿中正在编辑的信息丢失的情况，可以根据设置工作簿自动保存的间隔时间，可以使系统每隔设定的时间就对工作簿自动进行保存，程序意外关闭后，再次启动 Excel 2010，工作簿中的内容会得到恢复。具体方法如下。

① 单击"文件"选项卡中的"选项"命令，打开"Excel 选项"对话框。

② 选择"保存"选项，在"保存自动恢复信息时间间隔"文件框中输入需要的时间，默认为"10 分钟"。

③ 单击"确定"按钮。

2．保护工作簿

在 Excel 2010 中可以给该工作簿设置打开密码或修改密码，甚至将工作簿设为只读状态，使工作簿得到一定的保护。

（1）设置工作簿打开权限密码。保存工作簿时，在打开的"另存为"对话框中，单击下方"工具"中的"常规选项"命令，打开如图 6-10 所示的"常规选项"对话框，在"打开权限密码"文本框中输入打开文件的密码，单击"确定"按钮。在弹出的"确认密码"对话框中重新输入一遍该密码，两次输入的密码要一致。如果输入无误，则返回"另存为"对话框，单击"保存"按钮。

打开密码设置成功后，如果不正确输入该密码，则无法打开该工作簿。

如果希望取消该密码，则在正确打开工作簿之后，在"另存为"对话框中执行"工具"→"常规选项"命令，在图 6-10 中的"打开权限密码"文本框内删除一串*号，单击"确定"按钮，返回"另存为"对话框，单击"保存"按钮。

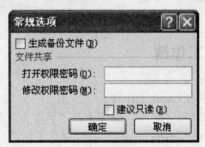

图 6-10　"常规选项"对话框

此外，也可直接单击"文件"选项卡的"信息"的"保护工作簿"中的"用密码进行加密"命令，在出现的"加密文档"对话框中输入打开文件密码即可。

（2）设置工作簿修改权限密码。设置工作簿修改密码的目的是希望其他不知道该密码的用户无法修改该工作簿。如果查看该工作簿的用户输入的密码错误，则可以选择以"只读"方式查看该工作簿。设置的方式与"设置工作簿打开密码"方式相似。

（3）限制他人修改工作簿结构或窗口。单击"审阅"选项卡的"更改"组中的"保护工作簿"命令，打开"保护结构和窗口"对话框，如图 6-11 所示。

勾选"结构"复选框，以阻止他人对工作簿的结构进行修改，包括阻止他人查看被隐藏的工作簿，移动、删除、重命名、复制工作表和插入新工作表等。

勾选"窗口"复选框，以阻止他人修改工作簿的窗口大小和位置，包括阻止他人移动窗口、调整窗口大小和关闭窗口等。

设置"密码"可阻止他人取消对工作簿的保护。

注意 保护工作簿的功能不能阻止他人修改工作簿中工作表的数据。

如需取消对工作簿的保护，可取消勾选"审阅"选项卡的"更改"组中的"保护工作簿"命令。

图 6-11 "保护结构和窗口"对话框

6.1.5　打开工作簿

（1）要打开工作簿，可打开工作簿所在文件夹后，双击该 Excel 工作簿。

（2）在打开的 Excel 2010 界面中单击"文件"选项卡中的"打开"命令或者按 Ctrl+O 组合键，在显示的"打开"对话框中选择需要打开工作簿所在文件夹的位置，然后选择要打开的工作簿，最后单击"打开"按钮，即可打开所选的工作簿。

（3）要打开最近编辑的工作簿，可单击"文件"选项卡中的"最近所用文件"命令，在右侧窗格会显示最近使用过的工作簿及其位置，单击所需工作簿名称，即可将其打开。

（4）在已打开工作簿的任务栏图标处单击鼠标右键，在弹出的菜单上方会显示最近使用的 10 个工作簿的名称，单击某个工作簿名称即可将它打开。（操作系统是 Windows 7）

6.1.6　关闭工作簿和退出程序

1．关闭工作簿

关闭工作簿的目的是仅关闭当前工作簿，而不退出 Excel 程序。关闭工作簿的方法有以下几种。

（1）单击"文件"选项卡中的"关闭"命令。

（2）双击当前工作簿窗口标题栏左端的"控制菜单按钮"。

（3）单击当前工作簿窗口标题栏左端的"控制菜单按钮"，在弹出的菜单中选择"关闭"命令。

（4）单击当前工作簿窗口标题栏右端的"关闭"按钮。

（5）用鼠标右键单击当前工作簿在任务栏处的图标，在快捷菜单中选择"关闭窗口"命令。（操作系统是 Windows 7）

（6）将光标指向当前工作簿在任务栏处的图标，在自动显示的工作簿窗口缩略图中单击右上角的"关闭"按钮。（操作系统是 Windows 7）

在关闭工作簿时，如果该工作簿的修改内容尚未保存，则会弹出对话框，询问用户是否将更改保存到该工作簿中。

（1）如果单击"保存"按钮，则保存修改并关闭窗口，针对第一次保存的工作簿还会显示"另存为"对话框。

（2）如果单击"不保存"按钮，则不保存修改并关闭窗口。

（3）如果单击"取消"按钮，则取消关闭操作，返回工作簿编辑窗口。

2．退出程序

针对当前仅打开一个工作簿的情况来说，关闭工作簿的第（2）～第（6）种方式都等价于退出 Excel 程序。

退出 Excel 2010 的常用方法有：单击"文件"选项卡中的"退出"命令，或者在活动窗口中按 Alt+F4 组合键。

6.2 Excel 2010 基本操作

6.2.1 输入和编辑数据

如果要在工作表中输入数据，首先选定需要输入数据的单元格。单元格是工作表中最基本的单位，在每一个单元格中可以输入不同类型的数据，还可以在多个单元格中同时输入相同的或有规律的数据。

1．选定单元格

选定单元格通常有以下几种情况。

- 在工作表中单击某个单元格，即可选定该单元格。
- 单击某个开始单元格（如单击 A2 单元格），按住 Shift 键，单击某个结束单元格（如单击 B3 单元格），则可选定从开始单元格到结束单元格的一个区域（如选定区域包括 A2、A3、B2 和 B3 共 4 个单元格）。
- 在某个开始单元格按下鼠标不放，拖动鼠标至结束单元格的位置，也可选定一个区域。
- 结合 Ctrl 键可以选定多个不相邻的单元格或单元格区域。
- 单击行（列）号可以选定一整行（列）单元格，其中单击行号时，光标为 → 形状，单击列号时，光标为 ↓ 形状。
- 单击行（列）号按下鼠标不放，拖动鼠标至结束行（列）号，可以选定多个相邻行（列）的所有单元格。
- 单击某个开始行（列）号，按住 Shift 键，单击某个结束行（列）号，可以选定多个相邻行（列）的所有单元格。
- 结合 Ctrl 键可以选定多个不相邻的行或列。
- 按 Ctrl+A 组合键或单击工作表左上角的"全选按钮" ，可以选定整个工作表。

> 指向单元格、选定单元格时，鼠标指针均为 ♔ 形状。

2．编辑栏

单击工作表的某个单元格，即选定这个单元格，用户可以在其中直接输入数据，再按 Enter 键或 Tab 键确认输入。

用户也可以选定单元格后，直接在编辑栏输入数据，单击"√"按钮确认输入，单击"×"按钮或按 Esc 键，可以取消输入，如图 6-12 所示。

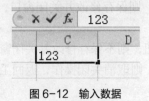

图 6-12　输入数据

数据输入后，可单击单元格后直接输入修改的数据，或者单击编辑栏处输入修改的数据。

3. 输入文本数据

文本数据是输入到单元格内的任何字符集，是不被系统解释成数字、公式、日期、时间或者逻辑值的数据类型。在输入文本数据时，系统默认的对齐方式是单元格内左对齐，如图6-13所示。

图 6-13　文本数据输入

 注意　输入纯数字型的文本数据时，如身份证号码、电话号码，可在数据前添加英文的单引号"'"，Excel 会将这串数字作为文本数据处理。

4. 输入数字数据

数字数据是 Excel 最常用的数据类型，数字数据通常有 5 种类型：整数形式（如 123）、小数形式（如 3.14）、分数形式（如 1 3/4，约等于 1.75。注意，1 和 3 之间要有空格，1.75 被显示在编辑栏处）、百分比形式（如 10%，等于 0.1）和科学记数法形式（如 1.20E+03，等于1200）。在输入数字数据时，系统默认的对齐方式是单元格内向右对齐，如图 6-14 所示。

	A	B	C	D	E	F
1	姓名	性别	专业	信息技术基础	大学英语	大学语文
2	赵明	男	数学	52	78	84
3	钱力	男	中文	69	74	43
4	孙琳	女	数学	83	92	88
5	李兰	女	中文	72	56	69
6	周福	男	数学	76	83	84
7	吴兰	女	中文	79	67	77
8	王海	男	中文	90	78	46
9	郑娟	女	数学	54	93	65

图 6-14　数字数据输入

对于整数和小数形式，还可以显示千分分隔位（如 10,678）、货币符号（如$100）或设置小数点后的位数。设置方式是右击选定的单元格或单元格区域，在弹出的快捷菜单中选择"设置单元格格式"命令，在"设置单元格格式"对话框－"数字"选项卡中选择相应"分类"，在右侧窗格中做一定设置。"设置单元格格式"对话框如图 6-15 所示。

图 6-15　"设置单元格格式"对话框的"数字"选项卡中的"数值"和"货币"选项

注意　　当单元格的列宽不足以显示数字数据时，会显示为"###"，用户可增加列宽，以正常显示数字数据。

5．输入自定义类型数据

在 Excel 中允许输入自定义类型的数据。

例如，需要输入以 0 开头的两位数（如 01、09）。如果在单元格中输入"01"后按 Enter 键，则单元格中出现"1"。可在"开始"选项卡的"单元格"组中的"格式"下拉列表中选择"设置单元格格式"命令，弹出"设置单元格格式"对话框的"数字"选项卡，在"分类"列表框中选择"自定义"，在"类型"文本框中输入"00"，如图 6-16 所示，单击"确定"按钮。设置后单元格中的数据格式会改变为"01"。

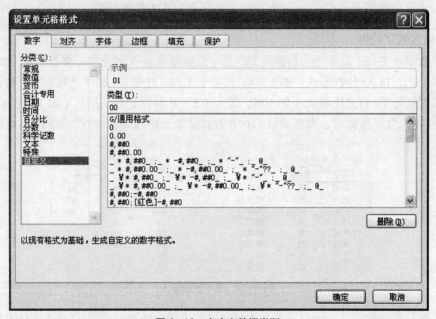

图 6-16　自定义数据类型

此外，可以在单元格中输入如"2014-4-17　13:10"格式的日期和时间，然后打开"设置单元格格式"对话框的"数字"选项卡中"分类"中的"日期"或"时间"选项来设置所显示的日期或时间的格式。

6．检查数据的有效性

设置单元格的数据类型和范围的规则可以检查数据的有效性。方法是选中需要验证数据有效性的单元格或单元格区域，在如图 6-14 所示的工作表中选择 D2：F9 单元格区域，在"数据"选项卡的"数据工具"组中的"数据有效性"下拉列表中选择"数据有效性"命令，打开"数据有效性"对话框的"设置"选项卡，如图 6-17 所示，在"允许"下拉列表中选择相应数据类型，在"数据"下拉列表中选择数据的条件，单击"确定"按钮即可。例如，可以规定选定单元格区域中只允许出现 0~100 的小数，设置成功后，如果在 D2：F9 单元格连续区域中输入不满足该条件的数值（如 110），输入的数值超出 0~100 范围，则会弹出如图 6-18 所示的对话框，以限制用户的无效输入。

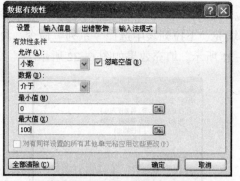

图 6-17 "数据有效性"对话框的"设置"选项卡

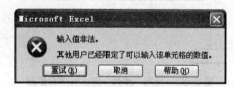

图 6-18 "输入值非法"提示对话框

7．填充数据

如果要使输入某行或某列的数据呈现一定规律，可以使用自动填充功能来完成数据的输入。

（1）使用填充柄。填充柄是活动单元格或选定单元格区域右下角的黑色小方块，将鼠标指针移动到填充柄上面时，鼠标指针变成"+"形状，此时向右（或向左）拖动鼠标至指定单元格，选定区域将被相同或有规律的内容填充。填充效果如图 6-19 所示。

使用填充柄填充数据后，填充区域的右下角会出现"自动填充选项"下拉按钮 ，单击此按钮可以选择不同填充的选项，如图 6-20 所示。

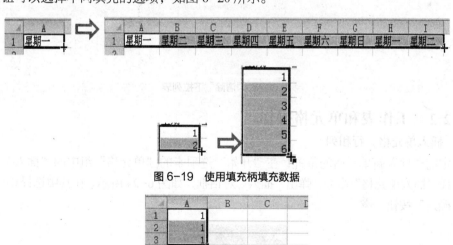

图 6-19 使用填充柄填充数据

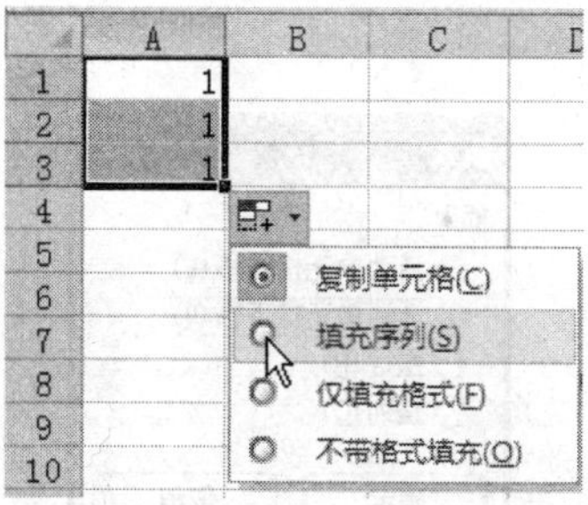

图 6-20 "自动填充选项"下拉列表

（2）使用序列对话框。单击序列的第一个单元格（如 A1，已输入数字 1），在"开始"选项卡的"编辑"组中的"填充"下拉列表中选择"系列"命令，打开"序列"对话框，设置填充序列的规律，如图 6-21 所示。填充效果如图 6-22 所示。

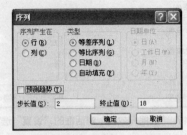

图 6-21　"序列"对话框

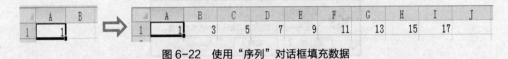

图 6-22　使用"序列"对话框填充数据

8．删除数据

选定需要删除数据的单元格或单元格区域，按 Delete 键删除单元格中的内容。

或者单击"开始"选项卡的"编辑"组中的"清除"下拉按钮，如图 6-23 所示，在下拉列表中选择相应命令，以清除单元格中的数据、格式、批注或超链接。

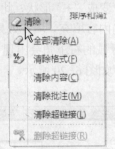

图 6-23　"清除"下拉列表

6.2.2　工作表和单元格操作

1．插入单元格、行和列

选定需要插入新单元格的位置，在"开始"选项卡的"单元格"组中的"插入"下拉列表中选择"插入单元格"命令，弹出"插入"对话框，如图 6-24 所示，在其中选择相应选项，单击"确定"按钮。

图 6-24　"插入"对话框

2．删除单元格、行和列

选定需要删除的单元格，在"开始"选项卡的"单元格"组中的"删除"下拉列表中选择"删除单元格"命令，弹出"删除"对话框，如图 6-25 所示，在其中选择相应选项，单击"确定"按钮。

图 6-25 "删除"对话框

3．复制单元格

把鼠标指针放到选定的单元格或单元格区域的边框上，此时鼠标指针显示为十字箭头 ，按住 Ctrl 键不放，拖动鼠标到目标单元格，最后松开 Ctrl 键，可以完成复制单元格的操作。

另外，也可把选定的单元格或单元格区域的内容复制到剪贴板，再单击目标单元格或目标单元格区域中的第一个单元格，最后将剪贴板上的内容粘贴到目标单元格或单元格区域中。

 注意 执行粘贴操作时，右击目标单元格，在弹出的菜单中选择"选择性粘贴"命令，打开"选择性粘贴"对话框，如图 6-26 所示，选择其中需要的选项，默认是将源单元格的"全部"粘贴到目标单元格中。

粘贴后，原单元格的位置仍会出现闪烁虚线框，按 Esc 键可取消复制状态。

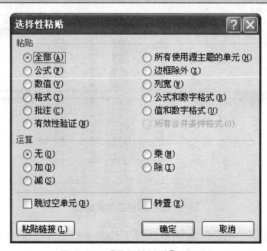

图 6-26 "选择性粘贴"对话框

4．移动单元格

把鼠标指针放到选定的单元格或单元格区域的边框上，此时鼠标指针显示为十字箭头 ，拖动鼠标到目标单元格，可以完成移动单元格的操作。

另外，也可把选定的单元格或单元格区域的内容剪切到剪贴板，再单击目标单元格或目标单元格区域中的第一个单元格，最后把剪贴板上的内容粘贴到目标单元格或单元格区域中。

5．合并单元格

选定需要合并的单元格区域，单击"开始"选项卡的"对齐方式"组中的"合并后居中"按钮 合并后居中，效果如图 6-27 所示。

图 6-27 "合并后居中"的效果

6．允许单元格内容自动换行

选定需要设置的单元格或单元格区域，单击"开始"选项卡的"对齐方式"组中的"自动换行"按钮 自动换行，将单元格中的所有数据根据列宽分行全部显示出来。

7．工作表窗口的拆分和冻结

（1）工作表窗口的拆分。工作表内容很多时，可以采用拆分工作表窗口的方式查看和编辑数据。

单击某个单元格，再单击"视图"选项卡的"窗口"组中的"拆分"按钮，工作表窗口自动拆分为 4 个相同的窗口，如图 6-28 所示，用户可以使用每个窗口的水平滚动条和垂直滚动条，在这些窗口中分别查看工作表不同部分的内容。

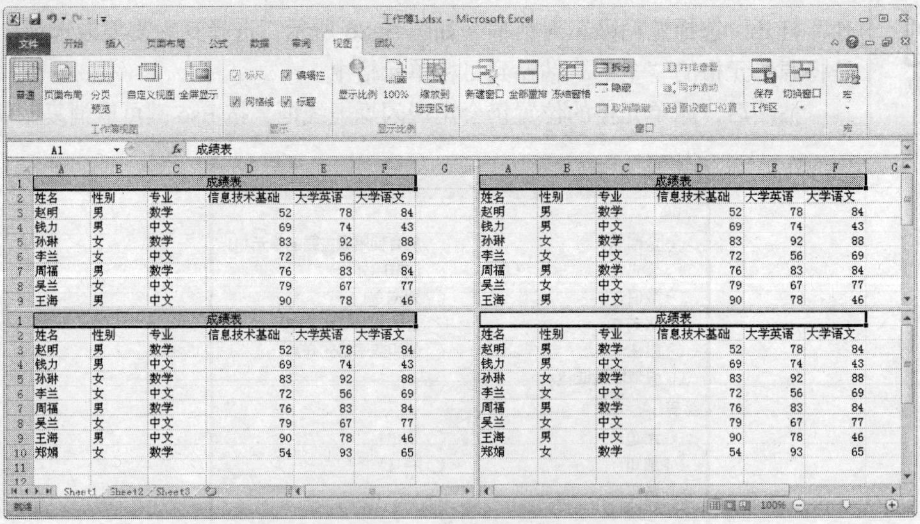

图 6-28 拆分工作表窗口

选定某行或某列，使用"拆分"按钮可以将工作表窗口横向或纵向拆分为两个相同的窗口。再次单击"拆分"按钮可取消拆分窗口操作。

（2）工作表窗口的冻结。工作表内容很多时，当前页中只能显示一部分数据，如果希望向下或向右滚动，前面的某些行或列仍然显示出来，就需要使用冻结窗格的操作。

单击需要冻结的行（列）的下一行（列），如选中第 3 行，在"视图"选项卡的"窗口"组中的"冻结窗格"下拉列表中选择相应命令，如选择"冻结拆分窗格"，设置效果如图 6-29 所示。

在"冻结窗格"下拉列表中选择"取消冻结窗格"命令可取消冻结，如图6-29所示。

图6-29 "冻结窗格"效果和"冻结窗格"下拉列表

8．工作表多窗口显示

单击"视图"选项卡的"窗口"组中的"新建窗口"命令可新建当前工作表的第二个窗口。

单击"全部重排"命令，可打开"重排窗口"对话框对已打开窗口的位置重新排列，如图6-30所示。

图6-30 "重排窗口"对话框

6.3 格式化工作表

6.3.1 设置单元格格式

1．设置对齐方式

在默认情况下，Excel单元格中的文本数据靠左对齐，数字数据靠右对齐，逻辑值和错误值居中对齐。

如需设置单元格中数据的水平对齐方式、垂直对齐方式或数据方向，可选定单元格或单元格区域，选择"开始"选项卡的"对齐方式"组的各个命令来完成。

或者右击选定的单元格或单元格区域，在弹出的快捷菜单中选择"设置单元格格式"命令，在"设置单元格格式"对话框的"对齐"选项卡中进行相应的设置，如图6-31所示。

2．设置字体格式

如需设置数据的字体、字形、字号、字体颜色、下画划线及其颜色等字体格式，可选定单元格或单元格区域，选择"开始"选项卡的"字体"组的各个命令来完成。

或者右击选定的单元格或单元格区域，在弹出的快捷菜单中选择"设置单元格格式"命令，在"设置单元格格式"对话框的"字体"选项卡中进行相应的设置，如图6-32所示。

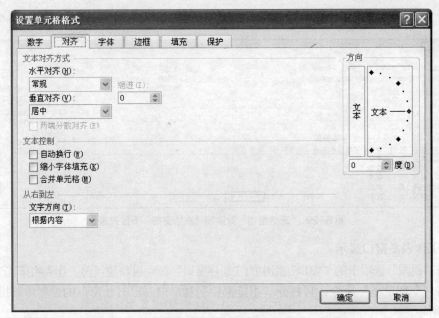

图 6-31 "设置单元格格式"对话框的"对齐"选项卡

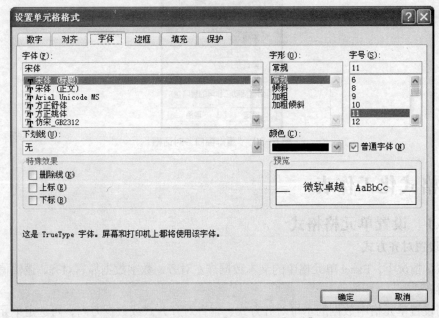

图 6-32 "设置单元格格式"对话框的"字体"选项卡

3．设置边框

在 Excel 工作表中使用边框和底纹，可以使工作表突出显示重点内容、区分工作表的不同部分以及使工作表具有独特的风格。

右击选定的单元格或单元格区域，在弹出的快捷菜单中选择"设置单元格格式"命令，在"设置单元格格式"对话框的"边框"选项卡中进行相应的设置，如图 6-33 所示。

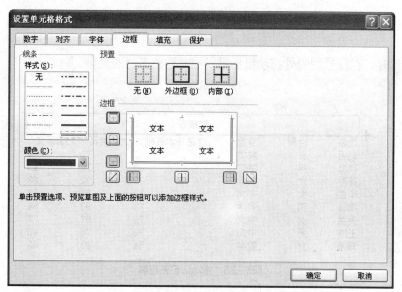

图 6-33 "设置单元格格式"对话框的"边框"选项卡

4．设置底纹

右击选定的单元格或单元格区域，在弹出的快捷菜单中选择"设置单元格格式"命令，在"设置单元格格式"对话框的"填充"选项卡中进行相应的设置，如图 6-34 所示。

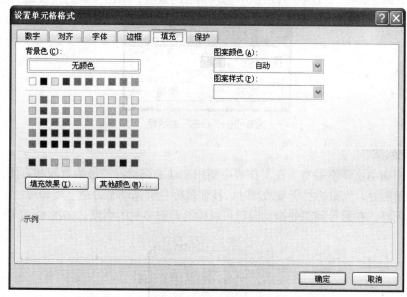

图 6-34 "设置单元格格式"对话框的"填充"选项卡

6.3.2　设置列宽和行高

设置单元格行高和列宽的方法有两种，分别是手动拖拽和使用对话框自定义行高和列宽。

在编辑工作表时，如果表格的行高和列宽已影响到数据的显示，则可根据单元格内容来调整行高和列宽，使单元格中的内容显示得更加清楚、完整。

1．调整行高

（1）使用拖动法调整行高。在工作表中使用拖动法调整行高最为直观和方便，将鼠标指针移至行号间隔处，当鼠标指针变成╪时，按住鼠标左键拖动至合适高度即可，如图 6-35 所示。

选定多行时，在行号间隔处拖动鼠标可以同时调整多行的高度。

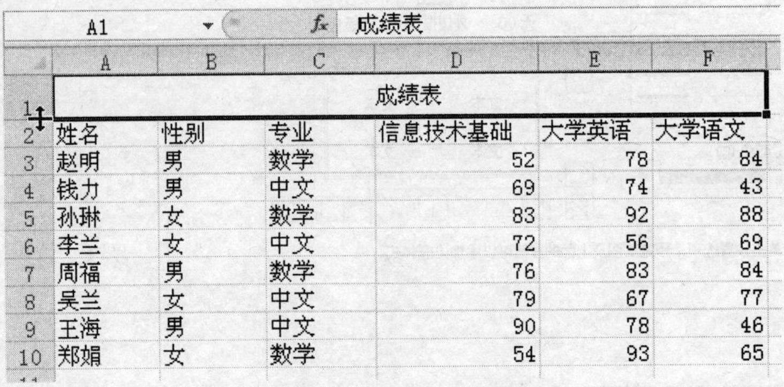

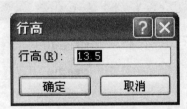

图 6-35　拖动法设置行高

（2）通过对话框自定义行高。选定需要改变行高的一行或多行，在"开始"选项卡的"单元格"组中的"格式"下拉列表中，选择"行高"命令，在弹出的"行高"对话框中输入相应的数值，单击"确定"按钮，如图 6-36 所示。

或者选定需要改变行高的一行或多行，右击需要改变行高的行号，在弹出的快捷菜单中选择"行高"命令，在"行高"对话框中输入相应的数值，单击"确定"按钮。

图 6-36　"行高"对话框

2．调整列宽

（1）使用拖动法调整列宽。在工作表中使用拖动法调整行高最为直观和方便，将鼠标指针移至列号间隔处，当鼠标指针变成╪时，按住鼠标左键拖动至合适宽度即可。

选定多列时，在列号间隔处拖动鼠标可以同时调整多列的高度，如图 6-37 所示。

图 6-37　拖动法设置列宽

（2）通过对话框自定义列宽。选定需要改变列宽的一列或多列，在 "开始"选项卡的"单元格"组中的"格式"下拉列表中选择"列宽"命令，在弹出的"列宽"对话框中输入相应的数值，单击"确定"按钮，如图 6-38 所示。或选定需要改变列宽的一列或多列，右击需要改变列宽的列号，在弹出的快捷菜单中选择"列宽"命令，在"列宽"对话框中输入相应的值，单击"确定"按钮。

图 6-38 "列宽"对话框

6.3.3 设置条件格式

对单元格区域、Excel 工作表或数据透视表应用条件格式可以直观地标示出特定的相关数据。例如，针对图 6-35 所示的成绩表，需要将其中所有分数在 60 以下的成绩标示为红色、粗体字格式。

操作步骤如下。

（1）选定所有成绩的单元格区域 D3：F10。

（2）在"开始"选项卡的"样式"组的"条件格式"下拉列表中选择"新建规则"命令，弹出"新建格式规则"对话框，如图 6-39 所示，在其中选择规则类型并设置规则的条件和格式。

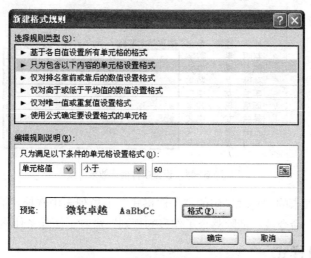

图 6-39 "新建格式规则"对话框

例如，在"选择规则类型"中选择"只为包含以下内容的单元格设置格式"，在"编辑规则说明"中选择"单元格值"的条件"小于"，设定值输入"60"，单击"格式"按钮，打开如图 6-40 所示的"设置单元格格式"对话框的"字体"选项卡，设置"加粗"、"红色"字体格式，单击"确定"按钮，返回"新建格式规则"对话框，单击"确定"按钮。

设置条件格式后的效果如图 6-41 所示。

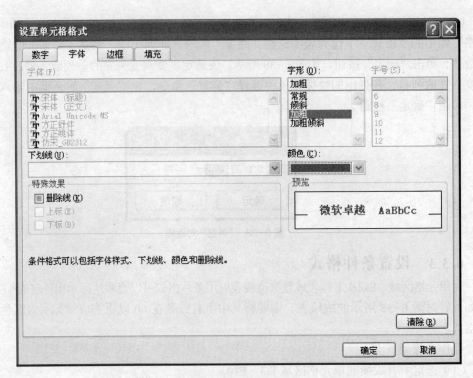

图 6-40 “设置单元格格式”对话框的 “字体”选项卡

	A	B	C	D	E	F
1				成绩表		
2	姓名	性别	专业	信息技术基础	大学英语	大学语文
3	赵明	男	数学	52	78	84
4	钱力	男	中文	69	74	43
5	孙琳	女	数学	83	92	88
6	李兰	女	中文	72	56	69
7	周福	男	数学	76	83	84
8	吴兰	女	中文	79	67	77
9	王海	男	中文	90	78	46
10	郑娟	女	数学	54	93	65

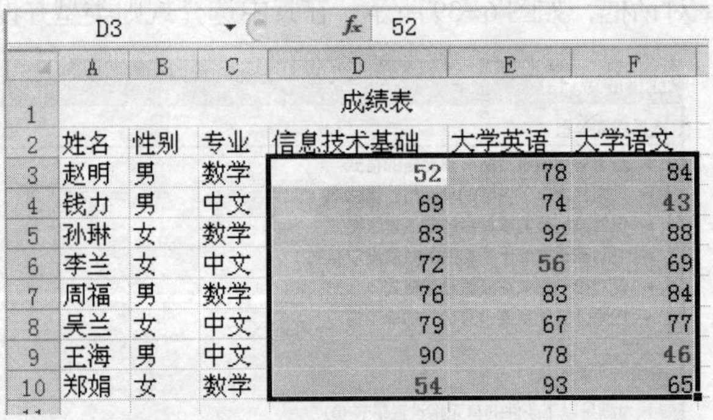

图 6-41 设置条件格式效果

在“开始”选项卡的“样式”组的“条件格式”下拉列表中选择“清除规则”→“清除所选单元格的规则”命令或“清除整个工作表的规则”命令，清除条件格式。

6.3.4 使用样式

Excel 2010 提供了多种单元格样式，包括单元格字体、字号、边框和对齐方式等，使用单元格样式可以使每一个单元格都具有不同的特点。

选定需要使用样式的单元格或单元格区域，单击“开始”选项卡的“样式”组中的“单元格样式”下拉按钮，如图 6-42 所示，在下拉列表中选择相应的样式或新建样式。选定单元格，选择“单元格样式”下拉列表中的第一个“常规”命令可取消对选定样式的设置。

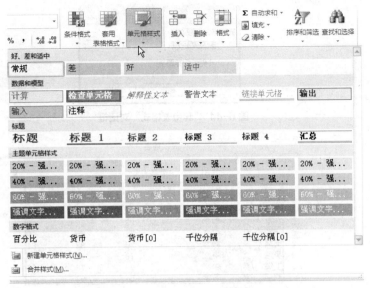

图 6-42 "单元格样式"下拉列表

6.3.5 自动套用表格格式

套用表格格式可以快速为表格整体设置格式。Excel 2010 表格格式默认有浅色、中等深浅和深色三大类型。

例如,针对图 6-35 所示的成绩表,选定 A2:F10 单元格区域,注意此处未选中"成绩表"标题行所在的单元格区域,在"开始"选项卡的"样式"组的"套用表格格式"下拉列表(见图 6-43)中选择"表样式浅色 9",弹出"套用表格式"对话框,如图 6-44 所示,确定套用表格格式的单元格区域,单击"确定"按钮,效果如图 6-45 所示。

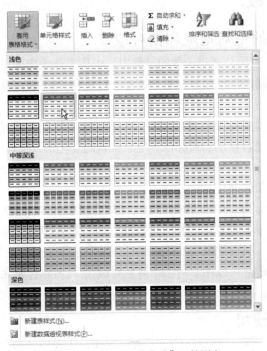

图 6-43 "套用表格格式"下拉列表

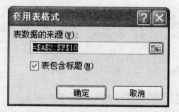

图 6-44 "套用表格式"对话框

图 6-45 套用表格格式效果

如果需要取消所套用的表格格式，单击表格 A2：F10 单元格区域中的某个单元格，再单击"设计"选项卡的"表格样式"组中的"其他"按钮，在打开的下拉列表中选择"清除"命令。

单击"开始"选项卡的"排序和筛选"下拉按钮，取消勾选"筛选"命令，可取消显示在标题栏处的筛选按钮。

6.4 公式与函数

6.4.1 单元格的绝对地址和相对地址

在 Excel 2010 中，应用公式与函数的过程中，引用工作表中的单元格内容时，可直接使用单元格的地址。单元格的地址由单元格的列号、行号和"$"符号构成，包括相对地址、绝对地址和混合地址 3 类。

单元格相对地址的形式如 A3、B4、C2、D8 等。完成复制公式或函数时，粘贴后的相对地址中的行号和列号会随着复制的目标位置与原位置的变化而发生相应变化。

单元格绝对地址的形式如$A$3、$B$4、$C$2、$D$8 等。完成复制公式或函数时，粘贴后的绝对地址不会发生任何变化。

单元格混合地址的形式如$A3、A$3、$B4、B$4、$C2、C$2、$D8、D$8 等。完成复制公式或函数时，粘贴后，混合地址中的相对地址部分会随着复制的目标位置与原位置的变化而发生相应变化，粘贴后，混合地址中的绝对地址部分不会发生任何变化。

跨工作表的单元格地址可以用"=[工作簿名称]工作表名称! 单元格地址"格式。

这 4 种地址的应用会在下面详细介绍。

6.4.2 公式的使用

Excel 是一个用于数据统计和分析的电子表格软件，实现统计与分析的途径主要是计算，公式和函数是计算的两种重要的方式。

1. 公式的输入

公式是对工作表中数据进行计算的等式，必须以英文输入状态下的等号"="开始。

在 Excel 中输入公式时，先选中要输入公式的单元格，在其中输入等号"="，接着根据需要输入计算所用的表达式，表达式中可以包含单元格的地址，以直接引用单元格中的内容，最后按回车键确定输入的公式。

例如，单击单元格 A2，输入公式"=16*2+8/4"，输入完成后按回车键，在该单元格中即可显示该公式的运算结果，编辑栏中显示单元格中公式的内容，如图 6-46 所示。

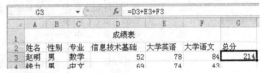

图 6-46　公式的输入与运算结果示例 1

例如，单击单元格 G3，输入公式"=D3+E3+F3"，输入完成后按回车键，在该单元格中即可显示该公式的运算结果，编辑栏中显示单元格中公式的内容，如图 6-47 所示。

图 6-47　公式的输入与运算结果示例 2

 注意　如果公式中使用了单元格的地址，则这个被引用单元格的内容发生变化时，公式的结果也会随之发生变化。

例如，修改单元格 F3 的内容为"0"，按 Enter 键确认修改，则单元格 G3 处的运算结果也随之改变，如图 6-48 所示。

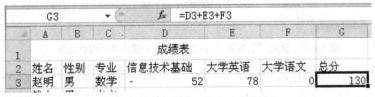

图 6-48　修改单元格内容后的公式运算结果

2. 公式的编辑

（1）公式的修改。单击需要修改公式的单元格，直接在编辑栏中修改或者双击单元格，进入编辑状态，修改完成后按回车键，即可确认操作。

（2）公式的移动。移动公式可以将单元格中的内容通过剪切-粘贴的操作完成，移动公式时，公式中引用的单元格地址不会改变，即直接将原单元格中的公式（运算结果）移动粘贴到目标单元格中。

（3）公式的复制。复制公式时，目标单元格中的单元格地址会根据地址的类型不同而发生不同的改变。复制公式的常用方法包括使用剪贴板和使用填充柄两种。

① 使用剪贴板复制公式。右击包含公式的单元格，在弹出的快捷菜单中选择"复制"命令；右击目标单元格，在弹出的快捷菜单中选择"粘贴选项"→"粘贴"命令▣或"公式"命令ƒx。

（a）公式中使用相对地址。例如，右击单元格 G3，在弹出的快捷菜单中选择"复制"命令，右击单元格 G4，在弹出的快捷菜单中选择"粘贴选项"→"粘贴"命令▣或"公式"命令ƒx，效果如图 6-49 所示。

单击目标单元格 G4，编辑栏处显示它的公式是"=D4+E4+F4"，请对比原单元格 G3 的公式"=D3+E3+F3"，思考变化的过程和规律。

首先应该明确原单元格 G3 的公式所引用的单元格地址都是相对地址。现在需要将这个公式复制粘贴到目标单元格 G4。G3 到 G4 的变化规律是行号从 3 变为 4，列号仍是 G 未改变，因此，粘贴后，G4 的单元格地址的行号也应从 G3 公式中的 3 变为 4，列号不改变。

原单元格 G3 的公式"=D3+E3+F3"，复制粘贴到目标单元格 G4 后的公式变为"=D4+E4+F4"。

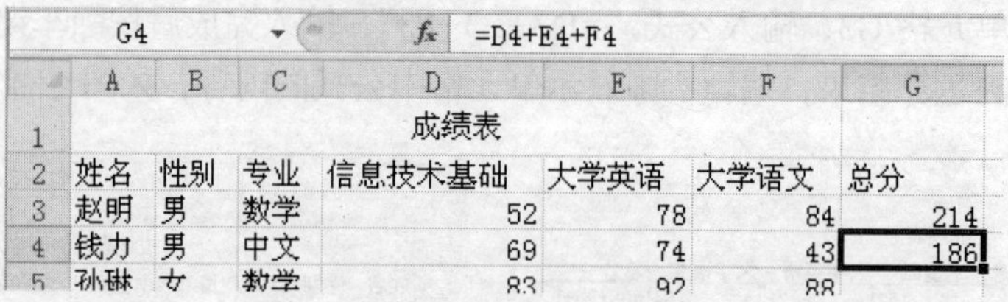

G4			ƒx	=D4+E4+F4		
	A	B	C	D	E	F	G
1	成绩表						
2	姓名	性别	专业	信息技术基础	大学英语	大学语文	总分
3	赵明	男	数学	52	78	84	214
4	钱力	男	中文	69	74	43	186
5	孙琳	女	数学	83	92	88	

图 6-49 使用剪贴板复制公式的效果（公式中使用相对地址）

（b）公式中使用混合地址。例如，在单元格 A1 中输入数字 20，在 A2 中输入数字 30，在 B2 中输入数字 40，在单元格 B1 中输入公式"=$A1"，按 Enter 键确认输入，效果如图 6-50 所示。

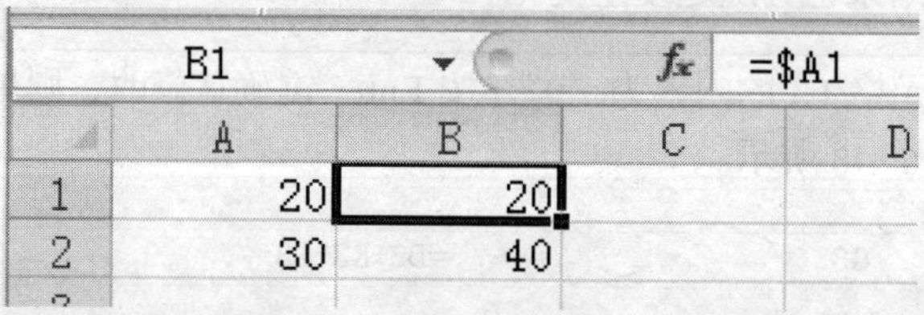

B1		ƒx	=$A1
	A	B	C	D
1	20	20		
2	30	40		

图 6-50 使用剪贴板复制公式的效果（公式中使用混合地址 1）

右击单元格 B1，在弹出的快捷菜单中选择"复制"命令，右击单元格 C2，在弹出的快捷菜单中选择"粘贴选项"→"粘贴"命令▣或"公式"命令ƒx，效果如图 6-51 所示。

C2		ƒx	=$A2
	A	B	C	D
1	20	20		
2	30	40	30	

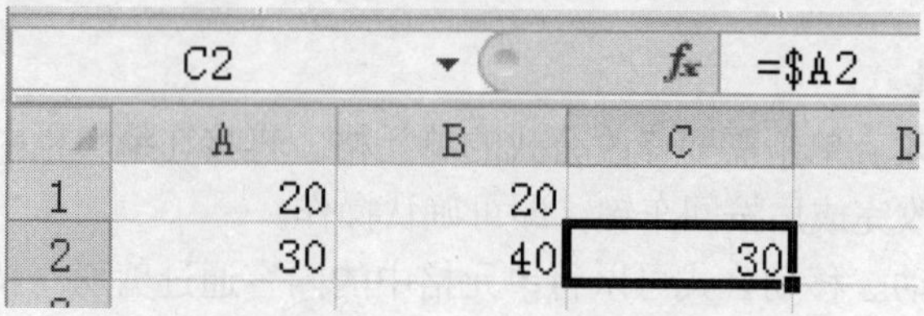

图 6-51 使用剪贴板复制公式的效果（公式中使用混合地址 2）

单击目标单元格 C2，编辑栏处显示它的公式是"=$A2"，请对比原单元格 B1 的公式"=$A1"，思考变化的过程和规律。

首先应该明确原单元格 B1 的公式所用的单元格地址是混合地址。现在需要将这个公式复制粘贴到目标单元格 C2。B1 到 C2 的变化规律是行号从 1 变为 2，列号从 B 变为 C，因此，粘贴后，C2 的单元格地址的行号也应从 B1 公式中的 1 变为 2，此外，因为列号 A 前加了符号"$"，所以是不可以改变的。

原单元格 B1 的公式"=$A1"，复制粘贴到目标单元格 C2 后的公式变为"=$A2"。

依照这个变化规律，请分析图 6-52 中原单元格 B1 的公式"=A$1"，复制粘贴到目标单元格 C2 后，公式变为"=B$1"的过程。

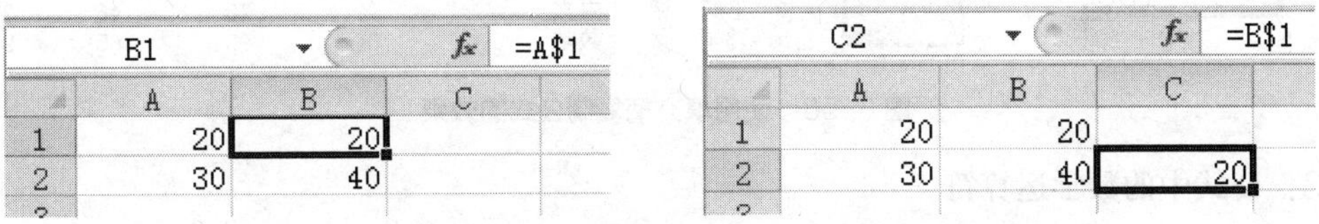

图 6-52　使用剪贴板复制公式效果图（公式中使用混合地址 3）

（c）公式中使用绝对地址。如果公式中使用了单元格的绝对地址，则复制粘贴后的绝对地址不会发生任何变化。

请分析图 6-53 中原单元格 B1 的公式"=$A$1"，复制粘贴到目标单元格 C2 后的公式仍为"=$A$1"的变化过程。

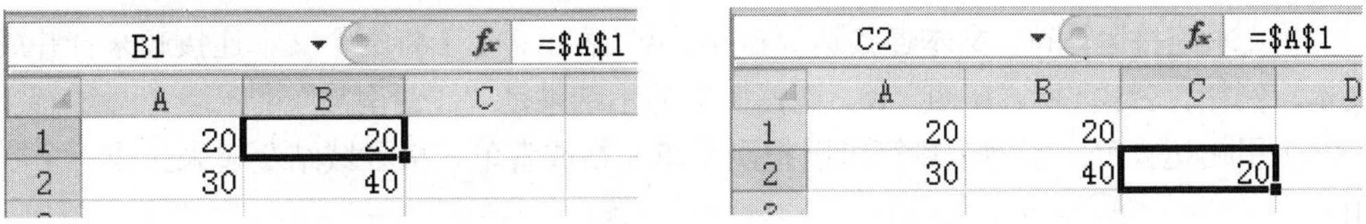

图 6-53　使用剪贴板复制公式的效果（公式中使用绝对地址）

（d）公式中使用跨工作表的单元格地址。跨工作表的单元格地址格式是"=[工作簿名称]工作表名称！单元格地址"。

引用同一工作簿中的某个工作表的单元格时，可以省略"[工作簿名称]"。在同一工作簿中，工作表 Sheet2 的单元格 A2 引用了工作表 Sheet1 的单元格 A5 的内容，引用效果如图 6-54 所示。

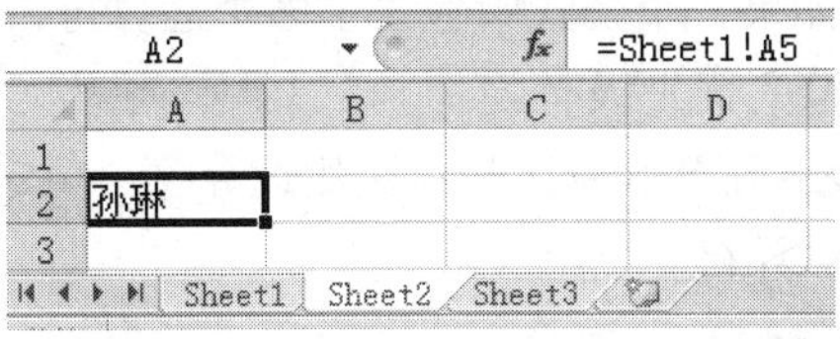

图 6-54　引用同一工作簿中的某个工作表的单元格

也可以引用同一工作簿中的多个工作表上的单元格。例如，在工作表 Sheet3 中的某个单元格内输入函数"=SUM(Sheet1:Sheet2!$D$3)"，表示求该工作簿中的工作表 Sheet1 和 Sheet2 中两个 D3 单元格的值之和。

② 使用填充柄复制公式。选定含有公式的单元格，拖动单元格右下角的填充柄，向下或向右填充至需作复制粘贴处理区域的最后一个单元格。

例如，单击单元格 G4，拖动单元格右下角的填充柄，向下填充至单元格 G10，效果如图 6-55 所示。

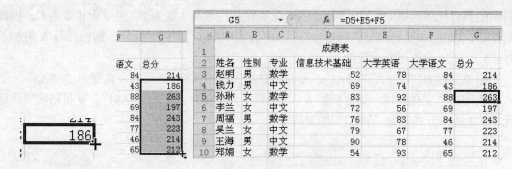

图 6-55　使用填充柄复制公式的效果

3．公式中的数学运算符

Excel 2010 公式中的运算符有算术运算符、比较运算符、文本连接运算符和引用运算符 4 种类型。

（1）算术运算符。主要的算术运算符有：加号（+）、减号（－）、乘号（*）、除号（/）、百分号（%）、乘方（^）。

（2）比较运算符。主要的比较运算符有：等于（=）、大于（>）、小于（<）、大于等于（>=）、小于等于（<=）、不等于（<>）。比较运算的结果为逻辑值：TRUE 或 FALSE。

（3）文本连接运算符。文本连接运算符用 "&" 表示，用于将两个文本连接起来合并成一个文本。例如，公式 "=" 江西 "&" 南昌 "" 的显示结果是 "江西南昌"。

（4）引用运算符。引用运算符可以把两个单元格或者单元格区域结合起来生成一个联合引用。

冒号（:）是区域运算符，生成对两个引用之间所有单元格的引用，也包括这两个单元格本身。例如，"A1:B2" 表示对 A1、A2、B1 和 B2 4 个单元格的引用。

空格（ ）是交集运算符，生成一个对两个引用的共有单元格的引用，例如，"A1:C2 B1:B3" 是指引用 A1:C2 和 B1:B3 两个单元格区域相交的 B1 和 B2 两个单元格。

逗号（,）是联合运算符，用于将多个引用合并为一个引用。例如，"A1,B2" 表示对 A1 和 B2 两个单元格的引用。

（5）运算符的优先级。如果一个公式中包含了多个运算符，就要按照一定的顺序进行计算。公式的计算顺序与运算符的优先级有关。

Excel 中运算符的优先级从高至低依次是：引用运算符、负号、百分号、乘方、乘和除、加和减、文本连接符、比较运算符。

6.4.3　常用函数的使用

函数是 Excel 提供的内部工具，是一些预定义的公式，利用函数进行计算可以简化计算过程。常用的函数有 SUM、AVERAGE、COUNT、MAX、MIN 等。

1．直接输入函数

直接输入函数的方法与输入公式的方法相同，同样必须以英文输入状态下的等号 "=" 开始。

输入函数的一般格式是 "=函数名称（[参数 1,参数 2,…参数 n]）"，其中，函数的参数个数由具体函数和计算的内容决定，可以没有参数或有 n 个参数。

例如，利用函数输入法计算成绩表中每位同学的成绩总分。

单击单元格 G3，输入"=SUM(D3:F3)"，按 Enter 键。其中 D3:F3 是求和函数 SUM 的参数，是指从 D3 单元格到 F3 单元格这块区域中的 3 个单元格，如图 6-56 所示。

此外，在单元格 G3 中输入"=SUM(D3,E3,F3)"的运算结果也相同。

其他同学的总分可以拖动填充柄来复制函数。单击单元格 G3，向下拖动填充柄填充至单元格 G10。

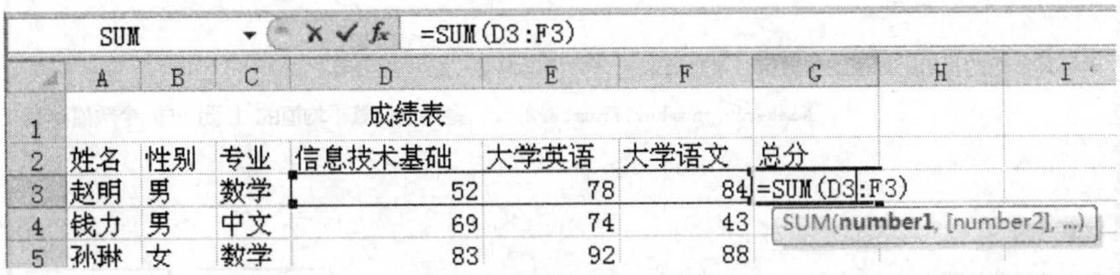

图 6-56　函数输入效果图 1

2．运用"公式"选项卡的命令输入函数

Excel 的函数十分丰富，初学者不易全部掌握。对于一些不太熟悉的函数，可以借助"公式"选项卡的"函数库"组中的命令进行输入，如图 6-57 所示。

图 6-57　"公式"选项卡的"函数库"组命令

例如，单击需输入函数的单元格 H3，再单击"公式"选项卡的"函数库"组中的"插入函数"按钮或单击编辑栏处的"插入函数"按钮 *fx*，在弹出的"插入函数"对话框（见图 6-58）中选择要使用的函数类别和具体的函数，如选择"常用函数"中的函数"AVERAGE"，单击"确定"按钮。弹出"函数参数"对话框，在 Number1 文本框中输入函数的参数，如输入"D3:F3"，如图 6-59 所示，单击"确定"按钮执行效果如图 6-60 所示。

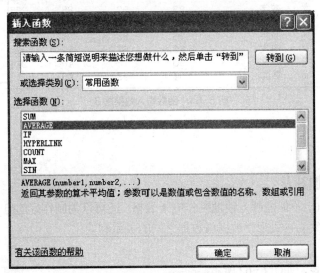

图 6-58　"插入函数"对话框

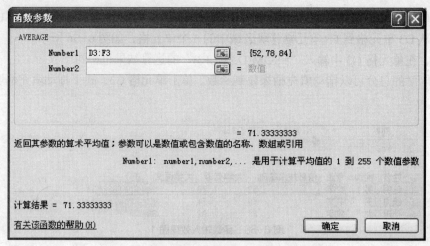

图 6-59 "函数参数"对话框

图 6-60 函数输入效果图 2

单击单元格 H3，向下拖动填充柄填充至单元格 H10。此外，选定 H3：H10 单元格区域，设置单元格格式的小数位数为 "1"，执行效果如图 6-61 所示。

图 6-61 函数输入效果图 3

6.5 图表

6.5.1 创建图表

使用 Excel 2010，不但能够方便地制作电子表格，还可以为制作好的电子表格生成相应的图表，以更直观形象的方式观察数据与数据之间的关系和变化。

1. 创建图表

（1）建立工作表，如图 6-62 所示。

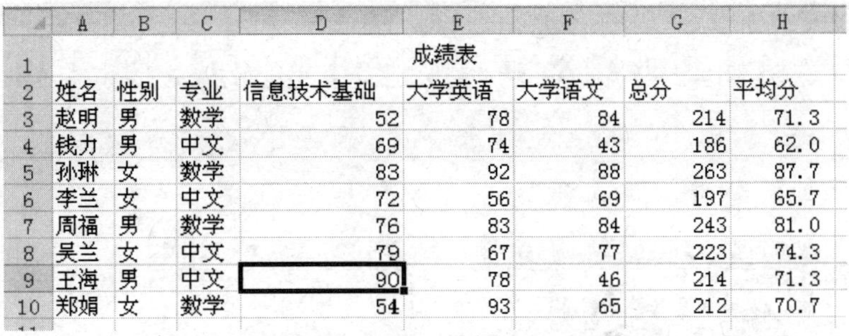

	A	B	C	D	E	F	G	H
1					成绩表			
2	姓名	性别	专业	信息技术基础	大学英语	大学语文	总分	平均分
3	赵明	男	数学	52	78	84	214	71.3
4	钱力	男	中文	69	74	43	186	62.0
5	孙琳	女	数学	83	92	88	263	87.7
6	李兰	女	中文	72	56	69	197	65.7
7	周福	男	数学	76	83	84	243	81.0
8	吴兰	女	中文	79	67	77	223	74.3
9	王海	男	中文	90	78	46	214	71.3
10	郑娟	女	数学	54	93	65	212	70.7

图 6-62 建立图表前的数据表

（2）选定某个含有数据的单元格，如单元格 D9。

（3）选择"插入"选项卡的"图表"组中某个图表类型列表中的具体图表样式，以建立图表，如图 6-63 所示。例如，单击成绩表中的单元格 A2，打开"插入"选项卡的"图表"组中的"柱形图"下拉列表，单击其中的"二维柱形图"→"簇状柱形图"类型，创建的图表如图 6-64 所示。

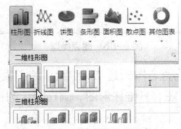

图 6-63 "插入"选项卡的"图表"组

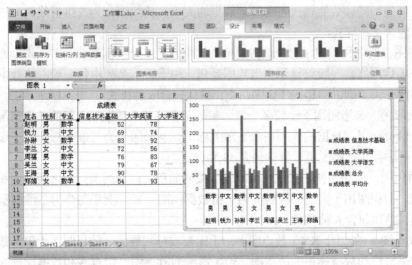

图 6-64 创建图表效果

2. 图表的类型

Excel 2010 提供了 11 种内置的图表类型，每一种图表类型都具有多种不同的样式。单击"插入"选项卡的"图表"组的"对话框启动器"按钮，打开"插入图表"对话框，如图 6-65 所示。

图 6-65　图表类型

（1）柱形图。柱形图也称为直方图，是 Excel 默认的图表类型，用于比较分类轴上数值的大小。这种图表分为二维柱形图、三维柱形图、圆柱图、圆锥图和棱锥图 5 类，具体包含 19 种样式。

（2）折线图。折线图用于显示随时间变化的趋势。一般情况下，分类轴用来代表时间的变化，并且间隔相同，数值轴代表各时刻数据的大小。折线图分为二维折线图和三维折线图两类，具体包含 7 种样式。

（3）饼图。饼图用于显示每个值占总值的比例，把一个圆面划分为若干扇形面，每个扇形面代表一项数据值，一般只显示一组数据系列，用于表示系列中每一项占该数据系列总和的比例。饼图分为二维饼图和三维饼图两类，具体包含 6 种样式。

（4）条形图。条形图用于比较多个值。条形图强调各个数据项之间的差别情况。一般分类项在垂直轴行标出，数据的大小在水平轴上标出。条形图分为二维条形图、三维条形图、圆柱图、圆锥图和棱锥图 5 类，具体包含 15 种样式。

（5）面积图。面积图使用折线和分类轴组成的面积，以及两条折线之间的面积来显示数据系列的值。面积图用于突出一段时间内几组数据间的差异。面积图分为二维面积图和三维面积图两类，具体包含 6 种样式。

（6）散点图。散点图 XY（散点图）用于比较成对的数值。散点图包含仅带数据标记的散点图、带平滑线和数据标记的散点图、带平滑线的散点图、带直线和数据标记的散点图和带直线的散点图 5 种样式。

（7）其他图表。其他图表包括股价图、曲面图、圆环图、气泡图和雷达图。

① 股价图用于研究并判断股票或期货市场的行情，描述一段时间内股票或期货的价格变化情况，包含 4 种样式。

② 曲面图主要用于寻找两组数据之间的最佳组合，曲面图中的颜色和图案用来指示在同一取值范围内的区域，包含 4 种样式。

③ 圆环图把一个圆环分为若干圆环段，每个圆环段代表一个数据值在相应数据系列中所占的比例，包含 2 种样式。

④ 气泡图可以用来描述 3 组数据，包含 2 种样式。

⑤ 雷达图显示数据如何按中心点或其他数据发生变动，包含 3 种样式。

6.5.2 编辑图表

图表生成之后，为了具有良好的视觉效果，一般要对图表进行编辑。一张完整的图表一般由图表标题、绘图区、水平轴和垂直轴以及图例等组成，如图 6-66 所示。因此，图表的编辑也从以上几方面入手。

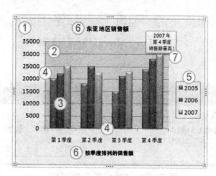

图 6-66　图表的组成部分

在图 6-66 中，①表示整个图表区；②是绘图区，是以坐标轴为界的区域；③是数据系列，一个数据系列对应工作表中选定区域的一行或一列数据；④是 X（分类）轴和 Y（值）轴；⑤是图例区，图例用于标识图表中的数据系列或分类所指定的颜色；⑥是图表标题；⑦是数据标签。

1．"设计"选项卡

单击图表边框以选定需要编辑的图表对象，通过"设计"选项卡（见图 6-67）的"类型"、"数据"、"图表布局"、"图表样式"和"位置"各组中的命令对图表进行设置。

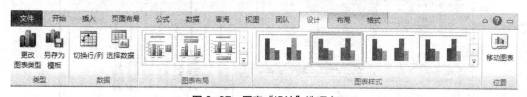

图 6-67　图表"设计"选项卡

（1）单击"类型"组的"更改图表类型"按钮，可以在弹出的对话框中选择更改后的新图表类型。

（2）"数据"组的"切换行/列"按钮用于将图表的行与列转置显示。

（3）单击"数据"组中的"选择数据"按钮，可以在弹出的对话框中设置图表的数据区域、图例项（系列）的数据区域和水平（分类）轴标签的数据区域。

例如，选中如图 6-64 所示的图表，单击"设计"选项卡的"数据"组中的"选择数据"按钮，打开"选择数据源"对话框，将"图表数据区域"从"=Sheet1!$A$1:$H$10"修改为"=Sheet1!$A$2:$H$10"，如图 6-68 所示。

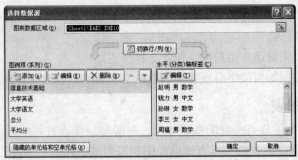

图 6-68 "选择数据源"对话框

单击"水平（分类）轴标签"下的"编辑"按钮，在打开的"轴标签"对话框中将轴标签区域从"=Sheet1!$A$3:$C$10"修改为"=Sheet1!$A$3:$A$10"，如图 6-69 所示。单击"确定"按钮。

图 6-69 "轴标签"对话框

返回"选择数据源"对话框，"图表数据区域"文本框的内容再次自动发生改变。单击"确定"按钮，修改后的效果如图 6-70 所示。

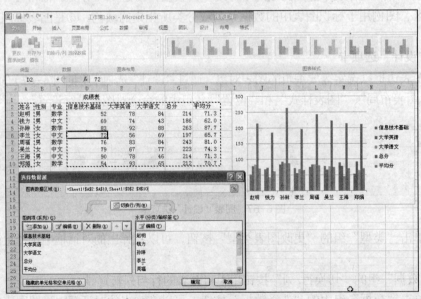

图 6-70 修改数据源的效果

（4）"图表布局"组中的命令用于修改图表标题、绘图区、水平轴和垂直轴以及图例的布局（位置）。

（5）单击"位置"组中的"移动图表"按钮，弹出对话框询问用户是将图表移动到新建的图表工作表中（Chart1），还是将图表移动到某个已存在的工作表中。

2．"布局"选项卡

单击图表边框以选定需要编辑的图表对象，通过"布局"选项卡（见图 6-71）的各组命令对图表进行设置。

（1）在"当前所选内容"组的下拉列表中选择当前需要编辑的图表元素，如图 6-71 所示。

（2）"标签"组中的命令用于设置这些图表元素的位置。例如，可以在"图表标题"下拉列表中选择图表标题的位置，如图 6-72 所示。如果选择其中的"其他标题选项"命令，则打开"设置图表标题格式"对话框，如图 6-73 所示，在其中对图表标题的格式等内容做进一步设置。如果选择"无"命令，则删除图表标题。

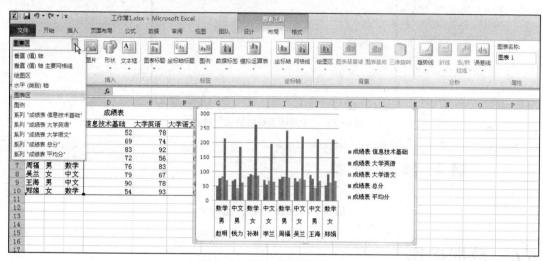

图 6-71　图表"布局"选项卡

其他图表元素的格式设置对话框的打开方式与"设置图表标题格式"对话框类似。

图 6-72　"图表标题"下拉列表

3．"格式"选项卡

单击图表边框以选定需要编辑的图表对象，通过"格式"选项卡（见图 6-74）的各组命令对图表进行设置。

操作方法与"布局"选项卡类似。

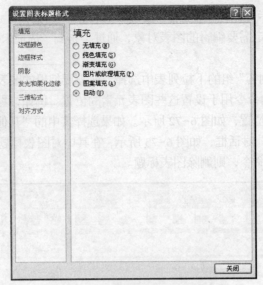

图 6-73 "设置图表标题格式"对话框

图 6-74 图表"格式"选项卡

6.6 数据操作

Excel 2010 中的数据操作包括数据排序、筛选、分类汇总、合并和建立数据透视表、数据透视图。

6.6.1 数据清单

数据清单是包含标题及相关数据的一组工作表数据行。Excel 采用数据库管理的方式管理数据清单。数据清单中的行相当于数据库中的记录,行标题表示记录名,数据清单中的列相当于数据库中的字段,列标题表示字段名称。

6.6.2 数据排序

排序是对数据的基本操作,Excel 2010 提供了多种排序的方法,可以对一个字段(单列)进行排序,也可以对多个字段(多列)进行组合排序,还可以自定义排序。同时,提供了升序和降序两种排序方式,升序是指按从小到大的顺序,降序是指按从大到小的顺序。

1.单列数据排序

单列数据排序是最基本、最简单的一种排序方法。它是指按照工作表中任意一个选定单元格所在列的数据进行升序或降序排列。执行单列数据排序的操作步骤如下。

(1)单击数据清单中的任意单元格。

(2)单击"开始"选项卡的"编辑"组中的"排序和筛选"下拉按钮,在下拉列表中选择"升序"或"降序"命令。

或者单击"数据"选项卡的"排序和筛选"组中的"升序"按钮 和"降序"按钮 。

2．多列数据组合排序

当按单列数据进行排序不能达到应有的要求时，就需要继续以另一列数据的值为依据进行排序。例如，按平均分单列排序后，平均分相同的若干行将以另外一列数据的顺序进行排列，这就是多列数据组合排序。

排序依据的列数据的列标题又称为关键字，其中排序所依据的第一个列数据的列标题称为主要关键字，其他都称为次要关键字。执行多列数据组合排序的操作步骤如下。

（1）单击数据清单中的任意单元格。

（2）单击“数据”选项卡的“排序和筛选”组中的“排序”按钮。或者单击“开始”的“编辑”组中的“排序和筛选”下拉按钮，在下拉列表中选择 “自定义排序”命令。

（3）在弹出的“排序”对话框中的“主要关键字”下拉列表中选择排序的主要关键字，并设置“排序依据”和“次序”(排序方式)。单击“添加条件”按钮可增加第二“次要关键字”、第三“次要关键字”等排序条件并逐个进行设置。若数据清单中包含标题，则需要勾选“数据包含标题”复选框，否则取消勾选。设置如图 6-75 所示。设置完成后，单击“确定”按钮。组合排序后的效果如图 6-76 所示。

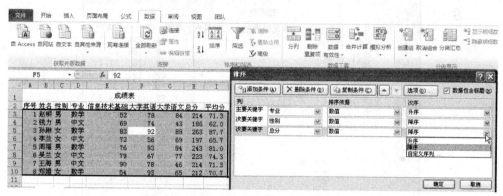

图 6-75 “排序”对话框

	A	B	C	D	E	F	G	H	I
1	成绩表								
2	序号	姓名	性别	专业	信息技术基础	大学英语	大学语文	总分	平均分
3	3	孙琳	女	数学	83	92	88	263	87.7
4	8	郑娟	女	数学	54	93	65	212	70.7
5	5	周福	男	数学	76	83	84	243	81.0
6	1	赵明	男	数学	52	78	84	214	71.3
7	6	吴兰	女	中文	79	67	77	223	74.3
8	4	李兰	女	中文	72	56	69	197	65.7
9	7	王海	男	中文	90	78	46	214	71.3
10	2	钱力	男	中文	69	74	43	186	62.0

图 6-76 组合排序效果

3．自定义排序

在如图 6-75 所示的“排序”对话框中的“次序”下拉列表中选择“自定义序列”，在弹出的对话框中可以自定义排序的次序。

4．撤销排序

未关闭工作簿时，单击快速访问工具栏中的“撤销”按钮或者再次按“序号”列升序排序即可。

6.6.3 数据筛选

数据筛选是指把满足条件的记录显示出来，将不满足条件的记录隐藏的数据处理方法。

Excel 2010 提供了自动筛选和高级筛选功能。

1. 自动筛选

设置筛选条件之后，工作表中只显示满足条件的记录数据。执行自动筛选的操作步骤如下。

（1）单击数据清单中的任意单元格。

（2）单击"数据"选项卡的"排序和筛选"组中的"筛选"按钮。

或者单击"开始"的"编辑"组中的"排序和筛选"下拉按钮，在下拉列表中选择"筛选"命令。

执行命令后，数据清单的每个列标题右侧出现一个下拉按钮。

（3）从需要筛选的列标题下拉列表中选择筛选条件，如图 6-77 所示，单击"大学英语"右侧下拉按钮，选择"数字筛选" → "大于或等于"。打开"自定义自动筛选方式"对话框，做相应设置，如图 6-78 所示。自动筛选后的效果如图 6-79 所示。筛选后显示数据行的行号是蓝色的，数据列标题"大学英语"右侧的下拉按钮也有变化。

（4）若要继续对另一列数据附加筛选条件，可以重复步骤（3）。

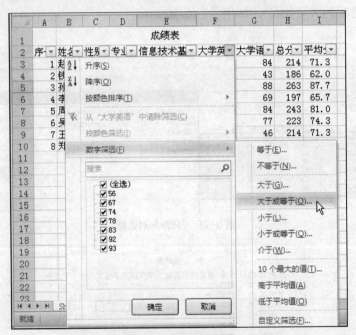

图 6-77　确定筛选条件

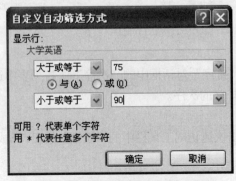

图 6-78　"自定义自动筛选方式"对话框

▲	A	B	C	D	E	F	G	H	I
1					成绩表				
2	序	姓名	性别	专业	信息技术基	大学英	大学语	总分	平均:
3	1	赵明	男	数学	52	78	84	214	71.3
7	5	周福	男	数学	76	83	84	243	81.0
9	7	王海	男	中文	90	78	46	214	71.3
11									

图 6-79 自动筛选效果

要取消对某一列的筛选，可单击该列标题处的下拉按钮，从下拉列表中勾选"全选"选项，单击"确定"按钮。

要取消对每一列的筛选，可单击"数据"选项卡的"排序和筛选"组中的"清除"按钮，或者单击"开始"的"编辑"组中的"排序和筛选"下拉按钮，在下拉列表中单击"清除"命令。

要撤销筛选状态，可取消选择"数据"选项卡的"排序和筛选"组中的"筛选"按钮，或者单击"开始"的"编辑"组中的"排序和筛选"下拉按钮，在下拉列表中取消选择"筛选"命令。

2. 高级筛选

高级筛选主要用于多字段条件的筛选，首先在数据清单外建立一个针对多字段的条件区域。执行高级筛选的操作步骤如下。

（1）在数据清单外设置一个条件区域。条件区域的设置规则是条件区域的列标题（第一行）必须与数据清单中的列标题一致。从条件区域的第二行起输入筛选条件，同一行中出现的是存在"与"关系的条件，不同行中出现的是存在"或"关系的条件。图 6-80 所示的条件区域是指需要筛选出"序号""<3"且"总分"">210"的记录或者"序号"">5"且"总分"">200"且"总分""<220"的记录。

此外，表示"等于"的条件，如需要筛选满足"序号"项为 1 的条件时，应在条件区域单元格中写成 ="= 1"，汉字、英文字符也适用。

	序号	序号	总分	总分
13	序号	序号	总分	总分
14	<3		>210	
15		>5	>200	<220
16				

图 6-80 建立条件区域

（2）单击数据清单中的任意单元格。

（3）单击"数据"选项卡的"排序和筛选"组中的"高级"按钮。

（4）在弹出的"高级筛选"对话框中确定数据"列表区域"、"条件区域"以及筛选结果的显示"方式"。设置条件区域为"$A$13:$D$15"，如图 6-81 所示，单击"确定"按钮，效果如图 6-82 所示。

图 6-81 "高级筛选"对话框

撤销高级筛选的方法为：单击"数据"选项卡的"排序和筛选"组中的"清除"按钮，或者单击"开始"的"编辑"组中的"排序和筛选"下拉按钮，在下拉列表中单击"清除"命令。

	A	B	C	D	E	F	G	H	I
1					成绩表				
2	序号	姓名	性别	专业	信息技术基础	大学英语	大学语文	总分	平均分
3	1	赵明	男	数学	52	78	84	214	71.3
9	7	王海	男	中文	90	78	46	214	71.3
10	8	郑娟	女	数学	54	93	65	212	70.7
11									
12									
13	序号	序号	总分	总分					
14	<3		>210						
15		>5	>200	<220					
16									

图 6-82　高级筛选效果

6.6.4　分类汇总

数据的分类汇总是将数据清单中的数据进行分类后，再汇总同类别数据的相关信息，包括计数、求和、平均值等信息。在 Excel 2010 中使用分类汇总功能可以将数据分类，自动插入分类汇总行和总计行。执行分类汇总的操作步骤如下。

（1）对分类字段进行排序。例如，将成绩表的数据按"专业"排序后，再按"性别"排序。在"排序"对话框中进行设置，如图 6-83 所示。排序后的效果如图 6-84 所示。

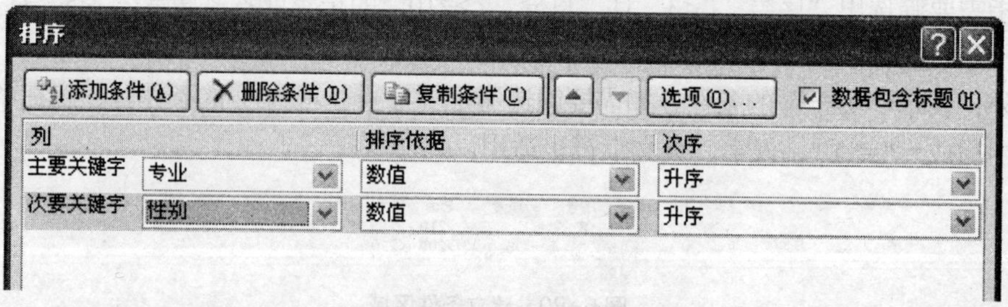

图 6-83　"排序"对话框

	A	B	C	D	E	F	G	H	I
1					成绩表				
2	序号	姓名	性别	专业	信息技术基础	大学英语	大学语文	总分	平均分
3	1	赵明	男	数学	52	78	84	214	71.3
4	5	周福	男	数学	76	83	84	243	81.0
5	3	孙琳	女	数学	83	92	88	263	87.7
6	8	郑娟	女	数学	54	93	65	212	70.7
7	2	钱力	男	中文	69	74	43	186	62.0
8	7	王海	男	中文	90	78	46	214	71.3
9	4	李兰	女	中文	72	56	69	197	65.7
10	6	吴兰	女	中文	79	67	77	223	74.3
11									

图 6-84　排序后的效果

（2）单击数据清单中的某个单元格，单击"数据"选项卡的"分级显示"组中的"分类汇总"按钮。

（3）在打开的"分类汇总"对话框中设置"分类字段"为"专业"，"汇总方式"为"平均值",并选中"选定汇总项"中的"信息技术基础"和"总分"复选框,如图 6-85 所示,单击"确定"按钮。

图 6-85 "分类汇总"对话框 1

其中,"分类字段"与步骤(1)中排序的关键字相同。

"汇总方式"有求和、计数、平均值、最大值和最小值等。

"选定汇总项"用于勾选需要汇总的字段(列)。

勾选"替换当前分类汇总"复选框可以用新设置的分类汇总替换原来的分类汇总。取消勾选该复选框,则在原来分类汇总的基础上增加一个新的分类汇总行和总计行。

勾选"每组数据分页"复选框可以在每组数据后自动插入分页符。

选中"汇总结果显示在数据下方"复选框,可以将汇总结果显示在数据行下方,否则,汇总结果显示在数据行上方。

单击"全部删除"按钮可以取消分类汇总。

(4)设置分类汇总后的效果如图 6-86 所示。单击左侧列表树中的"减号"按钮,可以隐藏该分类的数据行,单击"加号"按钮可以重新显示该分类的数据行。

	序号	姓名	性别	专业	信息技术基础	大学英语	大学语文	总分	平均分
				成绩表					
	1	赵明	男	数学	52	78	84	214	71.3
	5	周福	男	数学	76	83	84	243	81.0
	3	孙琳	女	数学	83	92	88	263	87.7
	8	郑娟	女	数学	54	93	65	212	70.7
				数学 平均值	66.25			233	
	2	钱力	男	中文	69	74	43	186	62.0
	7	王海	男	中文	90	78	46	214	71.3
	4	李兰	女	中文	72	56	69	197	65.7
	6	吴兰	女	中文	79	67	77	223	74.3
				中文 平均值	77.5			205	
				总计平均值	71.875			219	

图 6-86 分类汇总效果图 1

(5)单击数据清单中的某个单元格,再次单击"数据"选项卡的"分级显示"组中的"分类汇总"按钮。

在打开的"分类汇总"对话框中设置"分类字段"为"性别","汇总方式"为"最大值",并选中"选定汇总项"中的"大学英语"和"总分"复选框,取消勾选"替换当前分类汇总"

复选框，如图 6-87 所示，单击"确定"按钮。

图 6-87 "分类汇总"对话框 2

设置分类汇总后的效果如图 6-88 所示。

1 2 3 4		A	B	C	D	E	F	G	H	I
	1					成绩表				
	2	序号	姓名	性别	专业	信息技术基础	大学英语	大学语文	总分	平均分
	3	1	赵明	男	数学	52	78	84	214	71.3
	4	5	周福	男	数学	76	83	84	243	81.0
	5			男 最大值			83		243	
	6	3	孙琳	女	数学	83	92	88	263	87.7
	7	8	郑娟	女	数学	54	93	65	212	70.7
	8			女 最大值			93		263	
	9				数学 平均值	66.25			233	
	10	2	钱力	男	中文	69	74	43	186	62.0
	11	7	王海	男	中文	90	78	46	214	71.3
	12			男 最大值			78		214	
	13	4	李兰	女	中文	72	56	69	197	65.7
	14	6	吴兰	女	中文	79	67	77	223	74.3
	15			女 最大值			67		223	
	16				中文 平均值	77.5			205	
	17			总计最大值			93		263	
	18			总计平均值		71.875			219	

图 6-88 分类汇总效果图 2

6.6.5 数据合并

数据合并可以将多个工作簿或同一工作簿中工作表内的单元格或单元格区域的数据进行汇总合并计算。

数据合并的操作步骤如下。

（1）准备好工作表数据。如图 6-89 所示，准备 3 个工作表数据。单击需要放置合并计算结果的工作表，选定其中显示合并计算结果的首个单元格。例如，单击 "两个学期成绩合并平均分" 工作表，选定 E3 单元格。

	A	B	C	D	E	F	G	H
1					上学期成绩表			
2	序号	姓名	性别	专业	信息技术基础	大学英语	大学语文	平均分
3	1	赵明	男	数学	52	78	84	71.3
4	2	孙琳	女	数学	83	92	88	87.7
5	3	周福	男	数学	76	83	84	81.0
6	4	郑娟	女	数学	54	93	65	70.7
7								
8								
9								
10								
11								
12								
13								

上学期成绩 / 下学期成绩 / 两个学期成绩合并平均分

图 6-89 合并计算前的 3 个工作表数据

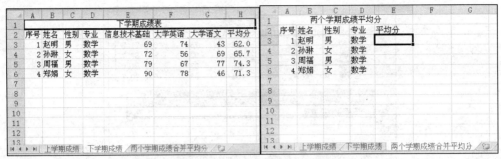

图 6-89　合并计算前的 3 个工作表数据（续）

（2）单击"数据"选项卡的"数据工具"组中的"合并计算"按钮，如图 6-90 所示。

图 6-90　"数据工具"组命令

（3）打开"合并计算"对话框，如图 6-91 所示，单击"引用位置"选取区域按钮 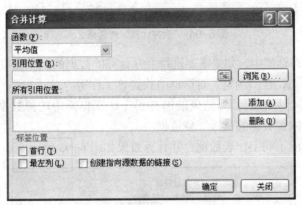。

图 6-91　"合并计算"对话框 1

（4）打开"合并计算–引用位置"对话框，如图 6-92 所示。

图 6-92　"合并计算–引用位置"对话框 1

（5）单击"上学期成绩"工作表标签，在数据中选定单元格区域 H3:H6，如图 6-93 所示。单击"确定选取区域"按钮，返回"合并计算"对话框，单击"添加"按钮，将"引用位置"添加到"所有引用位置"下拉列表中。

使用相同的方法将"下学期成绩"工作表的单元格区域 H3:H6 作为"引用位置"，并添加到"所有引用位置"下拉列表中，效果如图 6-94 所示。

单击"合并计算"对话框的"确定"按钮。

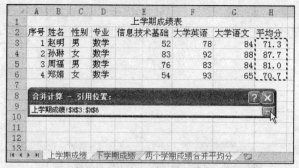

图 6-93 "合并计算－引用位置"对话框 2

图 6-94 "合并计算"对话框 2

在"合并计算"对话框中，如果需要进行合并计算的数据的工作表位于另一个工作簿中，则需单击"浏览"按钮，在"浏览"对话框中找到该工作簿。

若希望设置合并计算后的计算结果能够在另一个工作簿中的源数据发生变化时自动更新，则选中"创建指向源数据的链接"复选框。

（6）同一工作簿的不同工作表数据合并计算效果如图 6-95 所示。

图 6-95　合并计算效果

6.6.6　数据透视表和数据透视图

1．数据透视表

数据透视表是一种可以快速提取并汇总大量数据的交互式表格。使用数据透视表可以深入分析数据，将排序、筛选和分类汇总 3 种不同的操作融合在一起完成。创建数据透视表的操作步骤如下。

（1）单击原始数据清单中的任意单元格。

（2）单击"插入"选项卡的"表格"组中的"数据透视表"下拉按钮，在下拉列表中选择"数据透视表"命令，弹出"创建数据透视表"对话框，如图6-96所示。在该对话框中，单击"选择一个表或区域"中"表/区域"右侧的选取区域按钮，在工作表中选择数据区域A2：H10，本例中已默认选择该数据区域；"选择放置透视表的位置"默认为"新工作表"，也可以放置在本工作表指定单元格区域的某个位置。设置完成后，单击"确定"按钮，效果如图6-97所示。

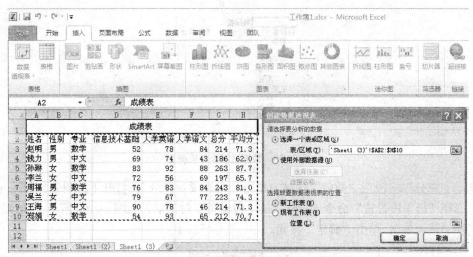

图6-96　"创建数据透视表"对话框

图6-97　数据透视表效果图1

（3）在工作区的右侧出现"数据透视表字段列表"任务窗格，在"选择要添加到报表的字段"列表中勾选需要添加到报表的字段，工作表中会自动生成对应的数据透视表。这些字段是原始数据清单中的所有列标题，勾选某个字段后，它会自动添加到窗格下方的 4 个区域中，一个字段只能添加到"报表筛选"、"行标签"或"列标签"中的某一个区域中一次，但允许添加到"数值"区域多次。

例如，拖动"专业"字段至"行标签"区域，再拖动"姓名"字段至"行标签"区域，注意"专业"字段在"姓名"字段之上。拖动"性别"字段至"列标签"区域。当前数据透视表的效果如图 6-98 所示。

图 6-98 数据透视表效果图 2

拖动"总分"字段至"数值"区域，单击"求和项：总分"，打开下拉列表，如图 6-99 所示，选择"值字段设置"命令，打开"值字段设置"对话框，如图 6-100 所示，"值汇总方式"选择"最大值"，单击"确定"按钮。

图 6-99 "求和项：总分"下拉列表

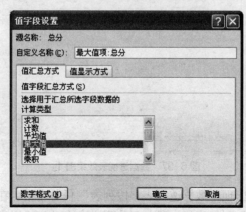

图 6-100 "值字段设置"对话框

再次拖动"总分"字段至"数值"区域，单击"求和项：总分"，在下拉列表中选择"值字段设置"，打开"值字段设置"对话框。"值汇总方式"选择"最小值"，单击"确定"按钮。

最后，拖动"大学英语"字段至"数值"区域，单击"求和项：大学英语"，在下拉列表中选择"值字段设置"，打开"值字段设置"对话框，"值汇总方式"选择"最大值"，单击"确定"按钮。

最终效果如图 6-101 所示。

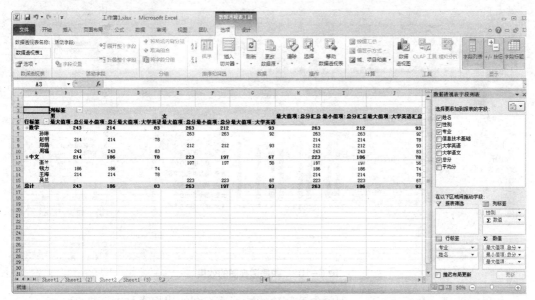

图 6-101　数据透视表效果图 3

（4）拖动"数据透视表字段列表"任务窗格的行标签、列标签或数值列表框中的顺序，数据透视表中的分析汇总结果也将重新组织。

（5）在"选择要添加到报表的字段"列表中单击"姓名"、"性别"、"专业"等字段右侧的下拉按钮，如单击"姓名"字段☑姓名▼右侧的下拉按钮，在弹出的下拉列表中可以勾选希望出现在数据透视表中的字段，类似于筛选的功能。

（6）当原始数据清单中的数据被修改后，单击数据透视表的某个单元格，选择"选项"选项卡的"数据"组中的"刷新"按钮，可将原始数据清单中的新数据反映到数据透视表中。

（7）单击数据透视表的某个单元格，选择"设计"选项卡中的命令可以修改数据透视表的布局和样式。

如果需要删除数据透视表，则在数据透视表的任意位置单击，在"选项"选项卡的"操作"组中的"选择"下拉列表中选择"整个数据透视表"，再按 Delete 键。

2．数据透视图

可以将数据透视表转换为更加形象的数据透视图。可以将数据透视图报表更改为除 XY 散点图、股价图或气泡图之外的任何其他图表类型，并且会在图表区显示字段筛选器。

创建数据透视图的操作步骤如下。

（1）单击数据透视表的某个单元格。

（2）单击"选项"选项卡的"工具"组中的"数据透视图"按钮，自动生成对应的数据透视图。

（3）单击"性别"筛选器，在弹出的列表中勾选希望出现在数据透视图中的字段，如图6-102所示。

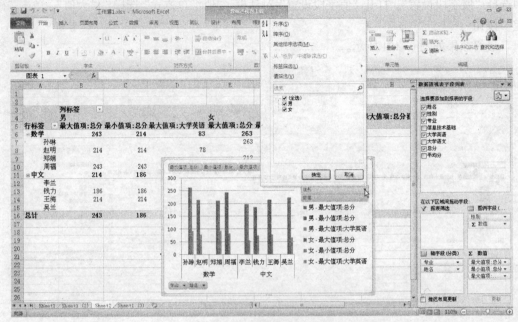

图 6-102　数据透视图的效果

如果需要删除数据透视图，则单击要删除的数据透视图的边框，按 Delete 键。

> **删除数据透视图时，不会删除相关联的数据透视表。**

删除数据透视图相关联的数据透视表时，Excel 会将该数据透视图变为标准图表，用户将无法再透视或者更新该标准图表。

6.7　工作表的打印

6.7.1　页面设置

工作表编辑完成后，需要将其打印出来。为了使打印效果更加美观，通常需要单击"页面布局"选项卡（见图 6-103）的各个命令进行页面设置。

图 6-103　"页面布局"选项卡

1．设置页面方向和纸张大小

页面方向是指页面是横向打印还是纵向打印。如果工作表的列较多而行较少，则可以使用横向打印。

单击"页面布局"选项卡的"页面设置"组中的"纸张方向"或"纸张大小"下拉按钮，在弹出的下拉列表中选择相应命令。

或者单击"页面布局"选项的"页面设置"组的"对话框启动器"按钮，打开"页面设置"对话框的"页面"选项卡，如图 6-104 所示。

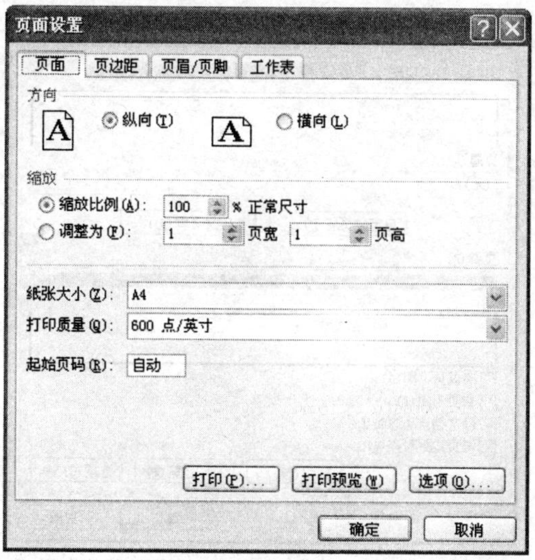

图 6-104　"页面设置"对话框的　"页面"选项卡

2．设置页边距和表格的居中方式

页边距是指正文与页面边缘的距离。

单击"页面布局"选项卡的"页面设置"组中的"页边距"按钮，在打开的下拉列表中选择相应命令。

或者单击"页面布局"选项卡的"页面设置"组的"对话框启动器"按钮，弹出如图 6-105 所示"页面设置"对话框的"页边距"选项卡。在此对话框中，可以设置数据表格与页面边界的距离。设置的效果直接在预览框中显示。居中方式有水平居中和垂直居中两种。

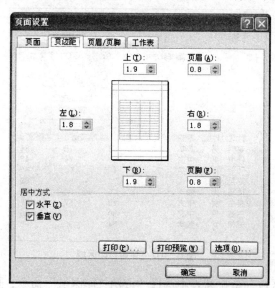

图 6-105　"页面设置"对话框的"页边距"选项卡

3．设置页眉和页脚

打开"页面设置"对话框的"页眉/页脚"选项卡，如图6-106所示。在此对话框的"页眉"、"页脚"下拉列表中选择合适的页眉和页脚，也可以单击"自定义页眉"和"自定义页脚"按钮，打开相应对话框，完成对页眉和页脚的设置。

图6-106 "页面设置"对话框的"页眉/页脚"选项卡

4．设置打印区域

默认情况下，打印工作表时会将整个工作表全部打印输出。若要打印工作表中的某一部分，可通过设置打印区域来完成。操作步骤如下。

（1）在工作表中选择需要打印输出的单元格区域。

（2）单击"页面布局"选项卡的"页面设置"组中的"打印区域"下拉按钮，在下拉列表中选择"设置打印区域"命令，如图6-107所示。所选区域被设置为打印区域，该区域周围将出现一个虚线边框。

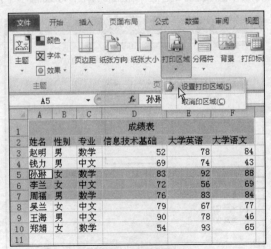

图6-107 设置打印区域

此时，在"打印区域"下拉列表中选择"取消打印区域"命令，可取消之前设置的打印区域，从而打印整个工作表。

打开"页面设置"对话框的"工作表"选项卡，如图 6-108 所示。在此对话框中，可以设置打印区域，打印标题，是否打印网格线、行号、列标或批注等，还可设置打印顺序。

图 6-108　"页面设置"对话框的"工作表"选项卡

6.7.2　打印

工作表的页面设置完成以后，可以将其打印出来。为防止出错，在打印之前，一般都会先预览打印效果。

（1）单击"文件"选项卡，在展开的列表中选择"打印"，右侧出现两个窗格，如图 6-109 所示，其中，左侧窗格用于设置打印属性，右侧窗格可对工作表进行打印预览。

图 6-109　打印设置及打印预览

（2）在左侧的打印属性窗格中，默认打印一份文档或设置"份数"以打印多份，还可以设置打印的范围，最后单击"打印"按钮。

6.8 工作表中链接的建立

6.8.1 创建超链接

选定需要创建超链接的单元格或单元格区域，单击鼠标右键，在弹出的快捷菜单中选择"超链接"命令，打开"插入超链接"对话框，如图 6-110 所示。在"链接到"选项区中选择需要链接到的位置或文件，可以是计算机中已有的文件、网页或该工作簿中其他工作表的某个单元格等。

右击已创建超链接的单元格，在弹出的快捷菜单中选择"取消超链接"命令可删除超链接。

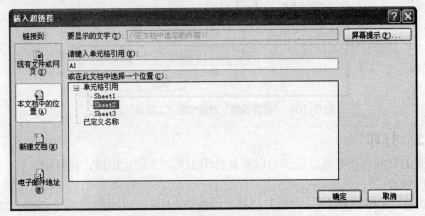

图 6-110 "插入超链接"对话框

6.8.2 创建数据链接

复制源单元格数据后，粘贴选项中有一个"粘贴链接"命令。选择这个命令进行粘贴后，如果源单元格数据被修改或删除，则目标单元格中的数据也会随之修改或被置为 0。

6.9 保护数据

6.9.1 保护工作表

Excel 2010 提供了多层保护措施，用于控制其他用户访问和更改 Excel 数据的权限。为防止他人有意或无意地更改、移动、删除工作表，可以采取保护措施来限制其他人的访问。单击"审阅"选项卡的"更改"组中的"保护工作表"命令，如图 6-111 所示，打开"保护工作表"对话框，如图 6-112 所示，设置保护工作表的密码。

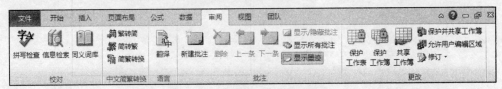

图 6-111 "审阅"选项卡命令

注意，"允许此工作表的所有用户进行"列表中被勾选的选项是不被保护的操作。

工作表被保护后，当数据被修改时，会弹出如图6-113所示的对话框或弹出要求用户输入保护密码的对话框。

单击"审阅"选项卡的"更改"组中的"撤销工作表保护"命令可取消对工作表的保护。

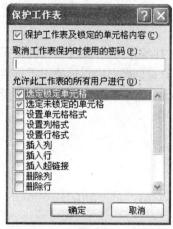

图6-112 "保护工作表"对话框

图6-113 "提示用户无法修改单元格内容"对话框

如果不希望单元格计算使用的公式出现在编辑栏中，可在"开始"选项卡的"单元格"组中的"格式"下拉列表中选择"设置单元格格式"命令，打开"设置单元格格式"对话框的"保护"选项卡，勾选"隐藏"复选框如图6-114所示。隐藏公式的前提是已设置"保护工作表"功能。

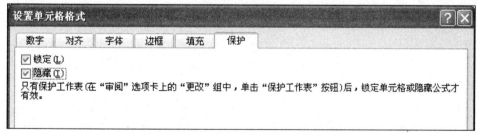

图6-114 "设置单元格格式"对话框的"保护"选项卡

6.9.2 隐藏工作表

单击"视图"选项卡的"窗口"组中的"隐藏"按钮可隐藏当前工作簿窗口。单击"取消隐藏"按钮可重新显示该窗口。

另外，选定需要隐藏的行或列，右击行号或列号，在弹出的快捷菜单中选择"隐藏"命令，会在隐藏处出现一条黑色粗线。选定被隐藏的行或列之前和之后的两个相邻行或列，右击行号或列号，在弹出的快捷菜单中选择选择"取消隐藏"命令可取消隐藏。

6.10　小结

　　本章介绍 Excel 2010 的基本概念和基本功能，工作簿和工作表的基本概念和基本操作，工作表和单元格的基本操作，工作表的格式化操作，公式和常用函数的使用方法，图表的建立与编辑，数据的排序、筛选、分类汇总，数据透视表和数据透视图的建立，工作表的打印，保护和隐藏工作表等内容。

　　Excel 具有强大的运算功能，其运算功能体现在对数据的四则运算、逻辑运算以及大量的函数运算上，这些功能能解决的计算问题已经远远超出了日常工作的范围。Excel 的图表制作功能使得数据的表现形式更加多元和形象。熟练掌握 Excel 的各种操作方法对用户的日常数据处理和数据分析会产生巨大的作用。

PART 7

第7章
Excel 2010 高级应用

本章学习要点：

- 多个工作表的联动操作
- 迷你图的创建、编辑与修饰
- 数据模拟分析和运算
- 宏功能的简单使用
- 工作簿的共享及修订
- 获取外部数据并分析处理

通过前一章的介绍，用户认识到了电子表格制作软件 Excel 2010 的强大功能，学会用它制作电子表格、美化电子表格以及运用函数和公式对表格中的数据进行计算和初步的数据分析。实际上，Excel 不仅具有上述强大的数据计算功能，还具有更加强大的数据分析功能。此外，Excel 2010 可以进行模拟运算、变量求解和执行宏功能，并允许通过局域网和 Internet 与其他用户共享 Excel 工作簿。

7.1 多个工作表的联动操作

一个 Excel 工作簿由多个工作表组成。一个工作簿中的工作表之间可以进行数据共享。

7.1.1 选定多个工作表

按住 Shift 键，在工作表标签处单击选定多个连续的工作表。

按住 Ctrl 键，在工作表标签处单击选定多个不连续的工作表。例如，选定"工作簿 1.xlsx"文件中的工作表 Sheet1 和 Sheet3，则标题栏显示 "[工作组]"字样，如图 7-1 所示。

单击其他工作表标签，如 Sheet2，可取消多个工作表的选定。

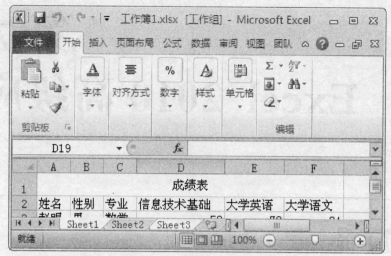

图 7-1　选定多个工作表

7.1.2　同时操作多个工作表

当多张工作表组成工作组后，在一张工作表中执行的操作会同时反映到工作组的其他工作表中。

7.1.3　填充成组工作表

当多张工作表组成工作组后，选定其中一张工作表的某个单元格区域，在"开始"选项卡的"编辑"组中的"填充"下拉列表中选择"成组工作表"命令，如图 7-2 所示，打开"填充成组工作表"对话框，图 7-3 所示，选择某个单选按钮，如选择"全部"，单击"确定"按钮，则在同组的其他工作表中将填充与源工作表相同内容和格式的数据。

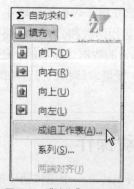

图 7-2　"填充"下拉列表

图 7-3　"填充成组工作表"对话框

7.2 迷你图

迷你图是 Excel 2010 的新功能，它是插入工作表单元格中的微型图表，可以直观显示数据，突出显示数据趋势和最大值、最小值。

7.2.1 创建迷你图

创建迷你图的步骤如下。

（1）单击需要插入迷你图的单元格。例如，单击如图 7-7 所示成绩表中的单元格 D11。

（2）单击"插入"选项卡的"迷你图"组中的"折线图"按钮，如图 7-4 所示。

图 7-4 "插入"选项卡的 "迷你图"组命令

（3）打开"创建迷你图"对话框，如图 7-5 所示，单击"数据范围"选取按钮，打开如图 7-6 所示的对话框，在工作表中选定需要创建迷你图的数据区域，这里选定 D3：D10 区域，如图 7-7 所示。再次单击"数据范围"确认选取按钮，返回"创建迷你图"对话框，单击"确定"按钮。

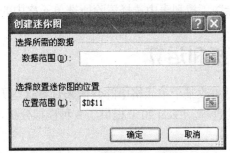

图 7-5 "创建迷你图"对话框 1

图 7-6 "创建迷你图"对话框 2

（4）单元格 D11 会出现创建的迷你图，如图 7-8 所示。

（5）如果单元格区域 E11：H11 处需要创建格式相同的迷你图，可以拖动单元格 D11 的填充柄向右填充即可。

图 7-7 "创建迷你图"对话框 3

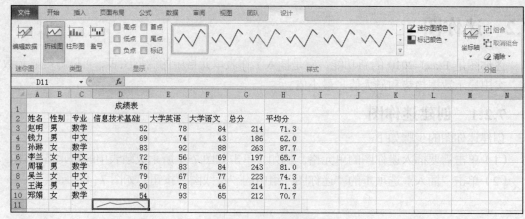

图 7-8 迷你图效果

7.2.2 编辑迷你图

单击迷你图所在的单元格,在"设计"选项卡中可以设置该图的格式。例如,在"显示"组中勾选"高点"或"低点"复选框,在迷你图中突出标示数据折线图的最大值或最小值的位置。在"样式"组中选择内置的样式或选择设置"迷你图颜色"和各种"标记颜色"。

如果被引用数据区域中出现被隐藏的数据或空的单元格,则在"迷你图"组的"编辑数据"下拉列表中选择"隐藏和清空单元格",在对话框中设置这类单元格的显示规则。

在"分组"组的"清除"下拉列表中选择清除所选单元格中的迷你图或所有迷你图。

7.3 数据模拟分析和运算

数据模拟分析是指通过更改某个单元格中的数值来查看这些更改对工作表中引用该单元格的某个公式结果的影响的过程。Excel 2010 提供了 3 种模拟分析工具:方案管理器、单变量求解和模拟运算表。

7.3.1 单变量求解

已知一个公式的结果和公式中的某些值,单变量求解可求解公式中未知的另一个值。操作步骤如下。

(1)准备好原始数据表,在单元格 C2 中输入公式,在单元格 A2 中输入公式中已知的值,如图 7-9 所示。

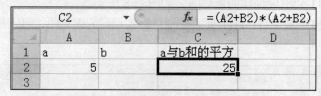

图 7-9 单变量求解前的原始数据表

(2)在"数据"选项卡的"数据工具"组的"模拟分析"下拉列表中选择"单变量求解"命令,如图 7-10 所示。

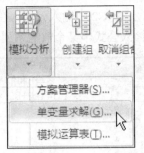

图 7-10 "模拟分析"下拉列表

（3）在打开的"单变量求解"对话框中输入目标单元格的名称或直接在工作表中选择这个目标单元格 C2，输入目标值（即公式的计算结果），并输入可变单元格的名称或直接在工作表中选择 B2。单击"确定"按钮，如图 7-11 所示。

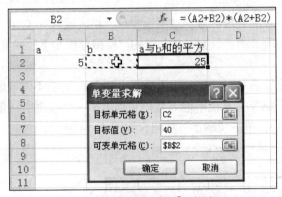

图 7-11 "单变量求解"对话框

（4）弹出"单变量求解状态"对话框，单击"确定"按钮，"单变量求解"效果如图 7-12 所示。

图 7-12 "单变量求解"效果

7.3.2 模拟运算表

1．单变量模拟运算表

已知一个公式和公式中的所有值，其中，公式中的某个值是以一个单元格系列（一行或一列）表现出来的，针对这个值的不同，单变量模拟运算表可用于求解相应的一组公式结果。

操作步骤如下。

（1）准备好原始数据表，在单元格 C2 中输入公式，在单元格 B2 中输入公式中某个固定的值，在单元格区域 A2：A10 中输入公式中某个值的系列变化值，如图 7-13 所示。

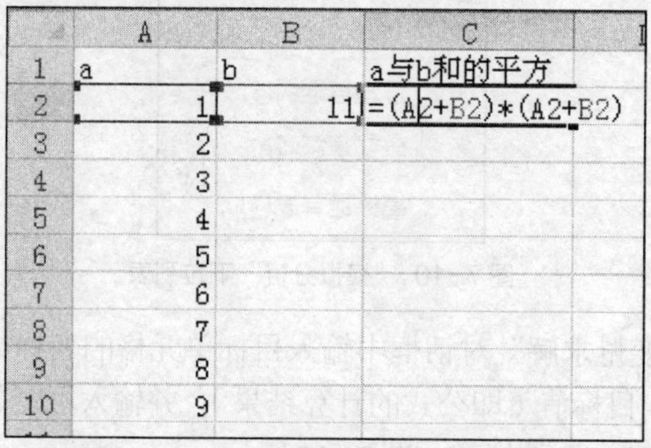

	A	B	C	
1	a	b	a与b和的平方	
2		1	11	=(A2+B2)*(A2+B2)
3		2		
4		3		
5		4		
6		5		
7		6		
8		7		
9		8		
10		9		

图 7-13 单变量模拟运算前的原始数据表

（2）选定模拟运算表的处理区域。这里选定单元格区域 A2：C10。

（3）在"数据"选项卡的"数据工具"组的"模拟分析"下拉列表中选择"模拟运算表"命令。

（4）打开"模拟运算表"对话框。由于公式中某个值 a 的不同取值是以列的形式，因此在"输入引用列的单元格"文本框中输入数据系列中第一个数据所在单元格的名称或直接在工作表中选择单元格 A2，单击"确定"按钮，如图 7-14 所示。

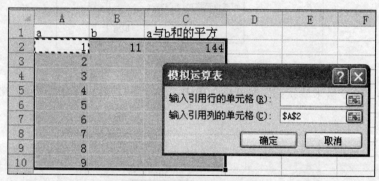

图 7-14 "模拟运算表"对话框 1

（5）单变量模拟运算表的执行效果如图 7-15 所示。

如果修改 A 列或 B 列的值，则 C 列公式结果的值会随之改变。

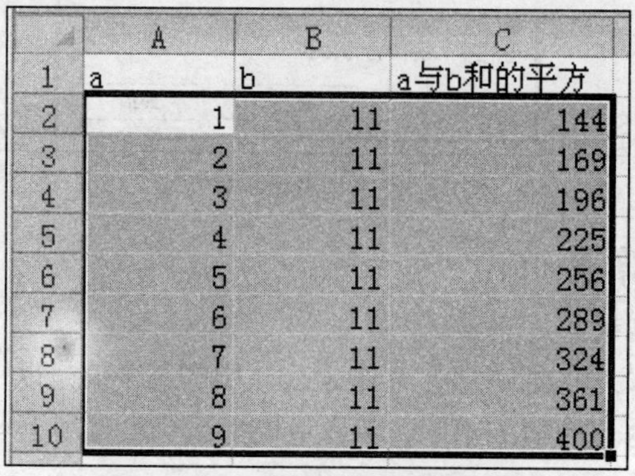

	A	B	C
1	a	b	a与b和的平方
2	1	11	144
3	2	11	169
4	3	11	196
5	4	11	225
6	5	11	256
7	6	11	289
8	7	11	324
9	8	11	361
10	9	11	400

图 7-15 单变量模拟运算表的效果

2．双变量模拟运算表

已知一个公式和公式中的所有值，其中，公式中的某两个值分别以一个单元格系列（一行或一列）表现出来，针对这两个值的不同，双变量模拟运算表可求解相应的一组公式结果。

操作步骤如下。

（1）准备好原始数据表，在单元格 B4 中输入公式，在单元格区域 B5：B13 中输入公式中某个值的系列变化值，在单元格区域 C4：K4 中输入公式中另一个值的系列变化值，如图7-16 所示。

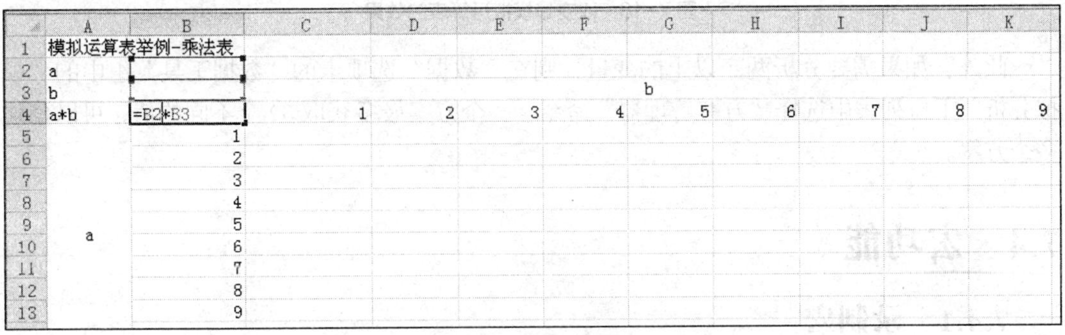

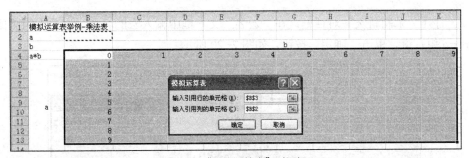

图 7-16　双变量模拟运算前的原始数据表

（2）选定模拟运算表的处理区域，包括数据系列和公式所在的单元格。选定单元格区域 B4：K13，公式单元格 B4 在这个区域的左上角。

（3）在"数据"选项卡的"数据工具"组中的"模拟分析"下拉列表中选择"模拟运算表"命令。

（4）打开"模拟运算表"对话框。由于公式中某个值 a 的不同取值是以列的形式，因此在"输入引用列的单元格"文本框中输入数据系列中第一个数据所在单元格的名称或直接在工作表中选择单元格 B2。

由于公式中某个值 b 的不同取值是以行的形式，因此在"输入引用行的单元格"文本框中输入数据系列中第一个数据所在单元格的名称或直接在工作表中选择单元格 B3。

单击"确定"按钮，如图 7-17 所示。

图 7-17　"模拟运算表"对话框 2

（5）双变量模拟运算表的执行效果如图 7-18 所示。如果修改单元格区域 B5：B13 或单元格区域 C4：K4 的值，则公式结果区域 C5:K13 的值会随之改变。

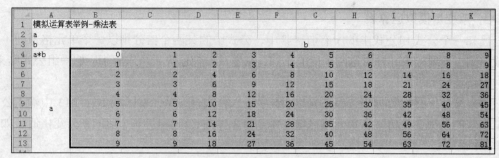

图 7-18 双变量模拟运算表的效果

此外，如果需要分析两个以上的变量，则在"数据"选项卡的"数据工具"组中的"模拟分析"下拉列表中选择"方案管理器"命令。一个方案最多获取 32 个不同的值，可以创建多个方案。

7.4 宏功能

7.4.1 录制宏

宏是可运行任意次数的一个操作或一组操作，执行宏时可以自动执行这些操作。

录制宏的操作步骤如下。

（1）单击需要录制宏的工作表中的某个单元格，如单元格 C2。在"视图"选项卡的"宏"组中的"宏"下拉列表中选择"录制宏"命令，如图 7-19 所示。

图 7-19 "宏"组命令

（2）打开"录制新宏"对话框，在"宏名"文本框中输入宏的名称。设置宏的快捷键，如 Ctrl＋q 组合键，单击"确定"按钮，如图 7-20 所示。

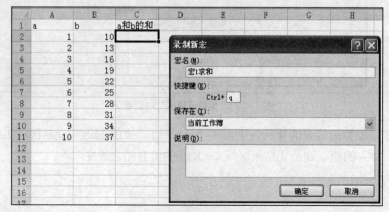

图 7-20 "录制新宏"对话框

注意 宏的命名规则与高级语言中标识符的命名规则相同。宏名必须以字母或下画线开头，不能包含空格或其他无效字符，不能使用 Excel 内部名称或工作簿中单元格的名称等。

（3）录制宏的过程是记录鼠标点击操作和键盘操作的过程。在单元格 C2 中输入求和公式"=sum(A2:B2)"，按 Enter 键确定输入，如图 7-21 所示。

图 7-21 输入求和函数

（4）在单击"视图"选项卡的"宏"组中的"宏"下拉列表中选择"停止录制"命令，如图 7-22 所示。

图 7-22 "停止录制"宏命令

7.4.2 执行宏

1．用组合键执行宏

依次选定工作表的某个单元格，如 C3，按 Ctrl + q 组合键，执行刚才录制的宏——"宏1 求和"，完成求和函数在单元格 C3 中的输入。

执行宏功能后，不能使用"撤销"按钮撤销宏功能执行的操作。

保存已录制宏的工作簿文件时，可以选择保存类型为"启用宏的工作簿 *.xlsm"，如图7-23 所示。

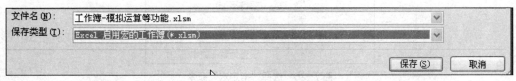

图 7-23 选择保存类型

2．在"宏"对话框中执行宏

单击需要执行宏的工作表中的单元格，在"视图"选项卡的"宏"组中的"宏"下拉列表中选择"查看宏"命令，打开"宏"对话框，如图 7-24 所示，单击"执行"按钮。

图 7-24 "宏"对话框

3．单击图形等对象执行宏

Excel 中可以将宏指定给图形、文本框等对象，然后通过单击这个对象来完成执行宏的操作。

在工作表中单击"插入"选项卡的"文本"组中的"文本框"按钮，在工作表某个单元格处插入一个文本框，输入文本"求和"，右击这个对象，在弹出的快捷菜单中选择"指定宏"命令，如图 7-25 所示。

图 7-25 选择"指定宏"命令

打开"指定宏"对话框，在宏列表框中选择需要指定的宏名，单击"确定"按钮，如图 7-26 所示。

指定宏成功后，单击某个需要执行宏的单元格，再单击这个文本框对象，即可执行宏。

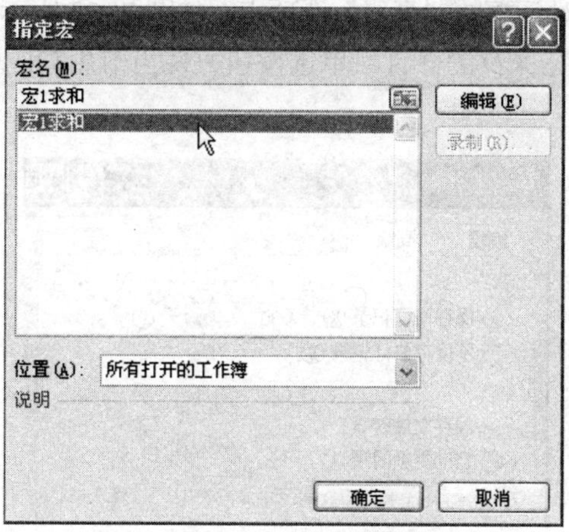

图 7-26　"指定宏"对话框

7.4.3　删除宏

单击"视图"选项卡的"宏"组中的"宏"下拉按钮，在打开的下拉列表中选择"查看宏"命令，打开"宏"对话框，如图 7-24 所示，单击选择列表中的某个宏，单击"删除"按钮，在弹出的对话框中确定删除宏的操作。

7.5　工作簿的共享及修订

7.5.1　共享工作簿

共享工作簿是指允许多个用户在网络共享位置查看和修订同一个工作簿文件。

单击"审阅"选项卡的"更改"组中的"共享工作簿"按钮，打开"共享工作簿"对话框的"编辑"选项卡，如图 7-27 所示，勾选"允许多用户同时编辑，同时允许工作簿合并"复选框。

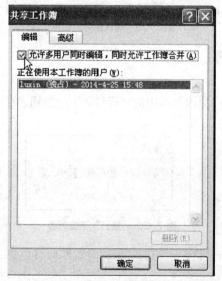

图 7-27 "共享工作簿"对话框的"编辑"选项卡

取消勾选"允许多用户同时编辑，同时允许工作簿合并"复选框可取消共享工作簿。

打开"共享工作簿"对话框的"高级"选项卡，如图 7-28 所示。当用户间的修订出现冲突时，可以选择"选用正在保存的修订"单选按钮，使当前用户的修订内容覆盖其他用户的修订。

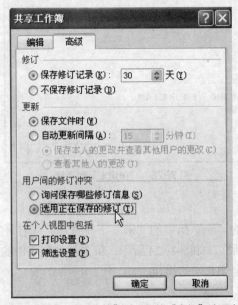

图 7-28 "共享工作簿"对话框的"高级"选项卡

单击"确定"按钮，打开确认保存对话框，如图 7-29 所示，单击"确定"按钮，确认共享工作簿的操作。

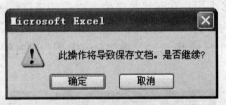

图 7-29 确认保存对话框

7.5.2 修订工作簿

1. 修订

单击"审阅"选项卡的"更改"组中的"修订"下拉按钮，在弹出的下拉列表中单击"突出显示修订"命令，如图 7-30 所示。

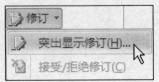

图 7-30 "修订"下拉列表

弹出"突出显示修订"对话框，勾选"编辑时跟踪修订信息，同时共享工作簿"选项，如图 7-31 所示。

其中，"在屏幕上突出显示修订"复选框用于选择是否在屏幕上突出显示修订。

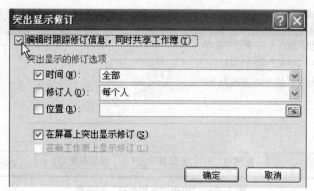

图 7-31　"突出显示修订"对话框

单击"确定"按钮，打开确认保存对话框，如图 7-32 所示，单击"确定"按钮，确认修订工作簿的操作。

修订后的提示信息如图 7-33 所示。

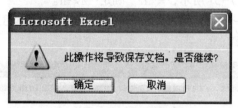

图 7-32　确认保存对话框

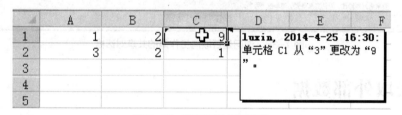

图 7-33　修订后的提示信息

2．接受或拒绝修订

单击"审阅"选项卡的"更改"组中的"修订"下拉按钮，在弹出的下拉列表中单击"接受/拒绝修订"命令。打开确认保存对话框，如图 7-32 所示，单击"确定"按钮。

打开"接受或拒绝修订"对话框 1，如图 7-34 所示，单击"确定"按钮。

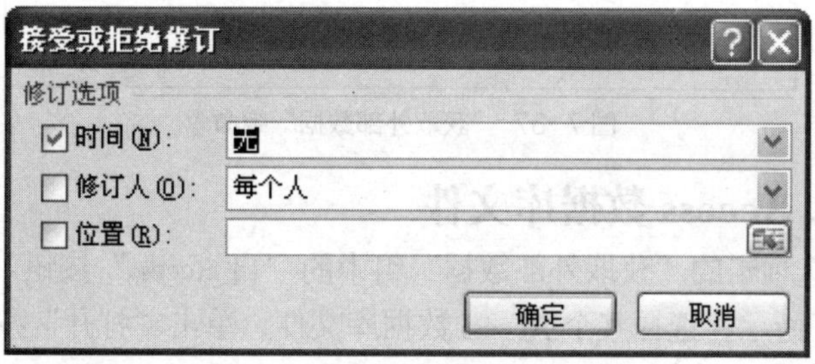

图 7-34　"接受或拒绝修订"对话框 1

打开"接受或拒绝修订"对话框2，如图7-35所示，可以查看修订的内容，单击相应的按钮选择是"接受"、"拒绝"、"全部接受"，还是"全部拒绝"修订。

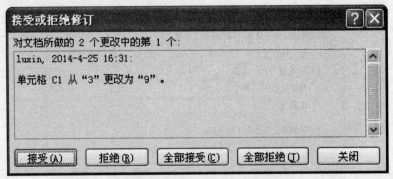

图7-35　"接受或拒绝修订"对话框2

3．取消修订

单击"审阅"选项卡的"更改"组中的"修订"下拉按钮，在弹出的下拉列表中单击"突出显示修订"命令。弹出"突出显示修订"对话框，取消勾选"编辑时跟踪修订信息，同时共享工作簿"选项，如图7-31所示，单击"确定"按钮。

弹出对话框，如图7-36所示，单击"是"按钮，可以取消工作簿的共享、删除修订记录并关闭工作簿的修订跟踪。

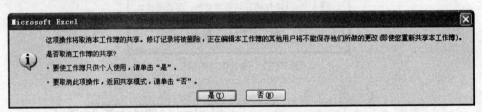

图7-36　询问是否取消工作簿的共享对话框

7.6　获取外部数据

选择"数据"选项卡的"获取外部数据"组的各个命令（见图 7-37），可以将外部数据导入 Excel 工作表中。

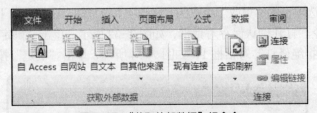

图7-37　"获取外部数据"组命令

7.6.1　导入 Access 数据库文件

单击"数据"选项卡的"获取外部数据"组中的"自 Access"按钮，打开"选取数据源"对话框，如图7-38所示，选择某个 Access 数据库文件，单击"打开"按钮。

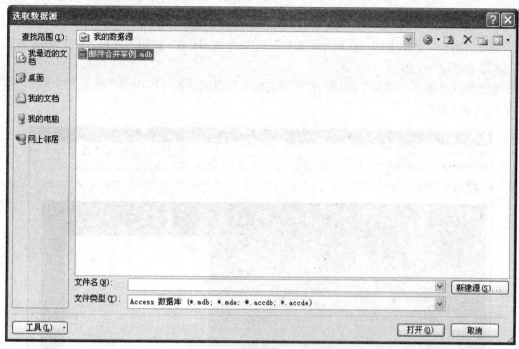

图 7-38 "选取数据源"对话框

打开"导入数据"对话框，如图 7-39 所示，采用默认设置将导入的数据放置到当前工作表，单元格 A1 作为新数据的起始单元格，单击"确定"按钮。

导入 Access 数据库文件后的工作表如图 7-40 所示。

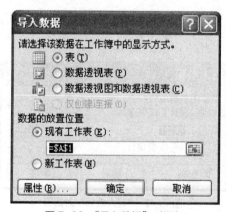

图 7-39 "导入数据"对话框

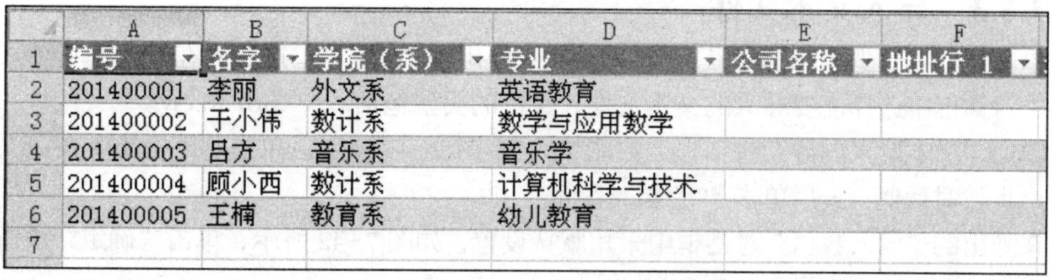

	A	B	C	D	E	F
1	编号	名字	学院（系）	专业	公司名称	地址行 1
2	201400001	李丽	外文系	英语教育		
3	201400002	于小伟	数计系	数学与应用数学		
4	201400003	吕方	音乐系	音乐学		
5	201400004	顾小西	数计系	计算机科学与技术		
6	201400005	王楠	教育系	幼儿教育		
7						

图 7-40　导入 Access 数据库文件的效果

7.6.2　导入网页

单击"数据"选项卡的"获取外部数据"组中的"自网站"按钮，打开"新建 Web 查询"对话框，如图 7-41 所示。

输入网址，单击"转到"按钮，在下方窗格显示该网站的页面内容。单击"导入"按钮，确认完成导入操作。

图 7-41　"新建 Web 查询"对话框

在弹出的"导入数据"对话框中采用默认设置，如图 7-42 所示，单击"确定"按钮，将网页中的文字信息导入 Excel 中。

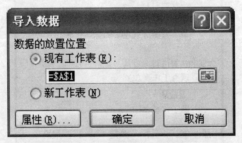

图 7-42　"导入数据"对话框

7.6.3　导入文本文件

单击"数据"选项卡的"获取外部数据"组中的"自文本"按钮，在打开的"导入文本文件"对话框中选择需要导入的文本文件，文件的类型包括.txt、.prn 和.csv。

弹出"文本导入向导"对话框，如图 7-43～图 7-45 所示。单击"下一步"按钮，进入下一个步骤对话框，最后单击"完成"按钮。

在弹出的"导入数据"对话框中采用默认设置，如图 7-42 所示，单击"确定"按钮，将文本文件中的文字信息导入 Excel 中。

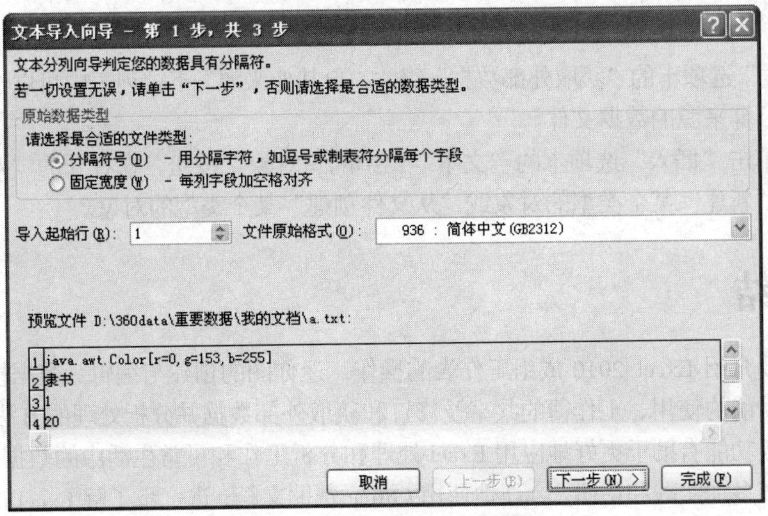

图 7-43 “文本导入向导”对话框 1

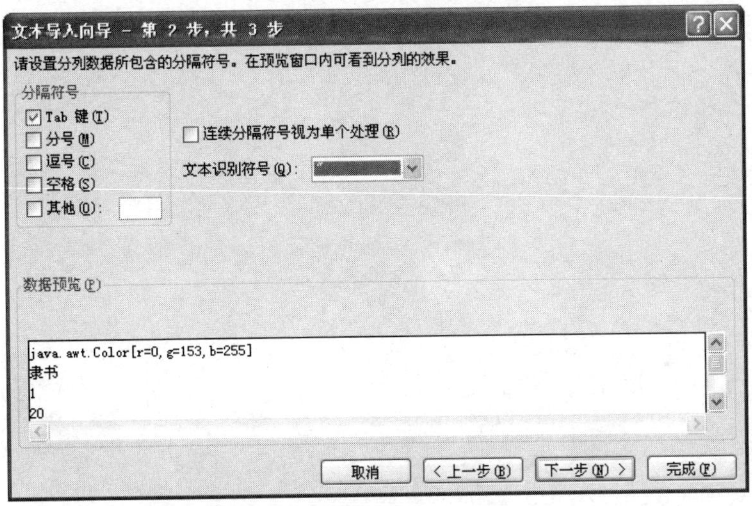

图 7-44 “文本导入向导”对话框 2

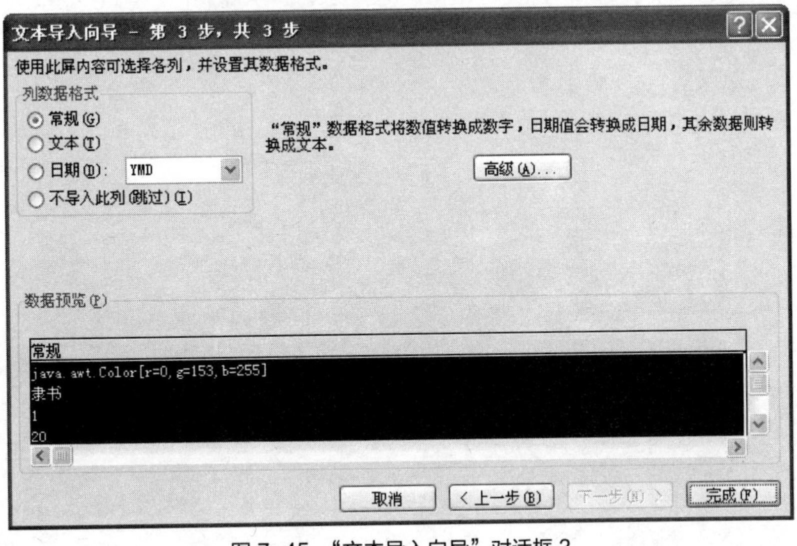

图 7-45 “文本导入向导”对话框 3

7.6.4　导入其他来源数据

在"数据"选项卡的"获取外部数据"组的"自其他来源"下拉列表中可以选择导入 SQL Server、XML 等来源的数据文件。

此外，单击"插入"选项卡的"文本"组中的"对象"按钮，在打开的"对象"对话框中选择导入"新建"某个类型的对象或"从文件创建"某个类型的对象。

7.7　小结

本章主要介绍 Excel 2010 成组工作表的操作、迷你图的创建与编辑、数据模拟分析和运算方法、宏功能的使用、工作簿的共享及修订和获取外部数据并分析处理的方法。

这些高级功能有助于更好地应用 Excel 处理和分析工作和日常生活中的数据。用户在学习的过程中应该多加实践和钻研，合理地使用 Office 帮助文档，进一步了解 Excel 这个博大精深的电子表格制作软件。

PART 8

第 8 章
PowerPoint 2010
基本应用

本章学习要点：

- PowerPoint 2010 的基本功能
- PowerPoint 2010 演示文稿视图的使用
- PowerPoint 2010 演示文稿中幻灯片的基本操作
- PowerPoint 2010 演示文稿主题选用与幻灯片背景设置
- PowerPoint 2010 幻灯片的基本格式设置
- PowerPoint 2010 演示文稿放映设计，包括动画设计、放映方式和切换效果
- PowerPoint 2010 演示文稿的打包和打印

　　PowerPoint 2010 是 Office 2010 程序组成员之一，它在很好地继承之前版本成功经验的基础上，在功能和界面命令的组织方面再一次有了改进和提高。PowerPoint 2010 是一种用于制作和编辑电子演示文稿的软件，每一个演示文稿文件由多张幻灯片组成。使用 PowerPoint 2010 制作的图文并茂的演示文稿，被广泛应用在演讲、报告、会议、产品演示和多媒体课件制作等领域。

8.1　PowerPoint 2010 基础

8.1.1　PowerPoint 2010 的启动

启动 PowerPoint 2010 的常用方法有以下 3 种。

（1）单击桌面下方任务栏左端的"开始"按钮，选择"所有程序"→"Microsoft Office"→"Microsoft PowerPoint 2010"命令。

（2）如果桌面上有 PowerPoint 2010 的快捷方式图标 ，则双击该图标启动程序。

（3）在任意文件夹中找到图标为 的文件，其扩展名为".pptx"或".ppt"，双击该文件，在打开 PowerPoint 程序的同时也打开了该演示文稿文件。

8.1.2 PowerPoint 2010 操作界面

启动 PowerPoint 2010 后即可进入其操作界面，同时自动创建一个名为"演示文稿 1"的 PowerPoint 新演示文稿，如图 8-1 所示，该文件包含一张空白幻灯片，界面中很多组成部分的功能与 Word 2010 相似。

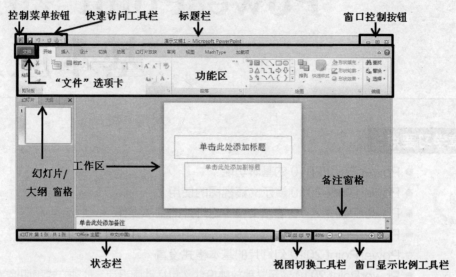

图 8-1　PowerPoint 2010 的操作界面

1．标题栏

标题栏位于 PowerPoint 2010 操作界面的顶端，其中显示了当前编辑的演示文稿的文件名、应用程序名和 3 个窗口控制按钮。

2．快速访问工具栏

快速访问工具栏位于"控制菜单按钮"的右侧，如图 8-2 所示，用于放置一些使用频率较高的命令。要在快速访问工具栏中添加或删除命令，可单击快速访问工具栏右侧的"自定义快速访问工具栏"按钮，在弹出的菜单中勾选或取消勾选需要向其中添加或删除的工具命令。

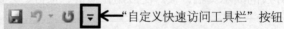

图 8-2　PowerPoint 2010 默认的快速访问工具栏

3．"文件"选项卡

"文件"选项卡位于操作界面的左上角，如图 8-3 所示，它的功能类似于 PowerPoint 原来版本中的"文件"菜单或 2007 版中的"Office 按钮"，并且增加了一些功能。

单击"文件"选项卡，可在展开的菜单列表中执行新建、打开、保存、另存为、关闭、打印以及退出 PowerPoint 程序的操作。此外，允许用户查看"最近所用文件"及其所在位置，提供联机或脱机"帮助"以及众多 PowerPoint "选项"的设置权限。

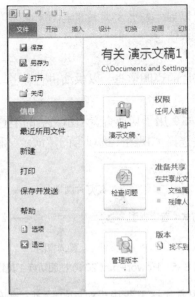

图 8-3 PowerPoint 2010 的"文件"选项卡

4．功能区

功能区位于标题栏的下方，用于存放编辑演示文稿时所需的命令。单击功能区中的选项卡（如"开始"选项卡、"插入"选项卡），可切换功能区中显示的命令，在每一个选项卡中，命令又被分类放置在不同的组内。组的右下角通常会有一个"对话框启动器"按钮，用于打开与该组命令相关的对话框，以便对需要进行的操作做深入的设置。此外，右上角的"功能区最小化"按钮用于使功能区呈现最小化状态，并使文档编辑区所占区域扩大。最小化功能区后，单击此处的"展开功能区"按钮♡，可重新展开功能区。功能区的各组成部分如图 8-4 所示。

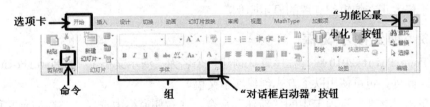

图 8-4 PowerPoint 2010 的功能区

5．状态栏

状态栏位于操作界面的底端左侧，用于显示当前演示文稿中幻灯片的序号、总幻灯片数、幻灯片所用的主题名称等信息。

6．工作区

PowerPoint 2010 对幻灯片的操作主要集中在工作区。用户可以在占位符（虚线框）中输入文本，插入图片、表格等对象。

7．幻灯片/大纲窗格

默认打开的是"幻灯片"选项卡，其中显示了幻灯片的缩略图形式，用户可以使用该窗格的垂直滚动条来查看不同幻灯片，单击某张幻灯片，可以在工作区中显示这张幻灯片的具体内容。

单击"大纲"选项卡，可以显示每张幻灯片的标题和内容的文本信息。在"大纲"选项卡中可以编辑幻灯片的这些文本信息。

8．备注窗格

在备注窗格中可输入幻灯片的说明信息，以供演讲者参考。

9．视图切换工具栏

视图切换工具栏（见图 8-5）用于切换查看演示文稿的不同方式。

切换视图的另一种方法是选择"视图"选项卡的"演示文稿视图"组中的其中一个视图命令。

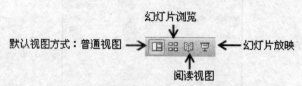

图 8-5　PowerPoint 2010 视图切换工具栏

"普通视图"是默认的视图方式，主要用于对幻灯片进行编辑和排版，在这种视图下可以同时看到工作区、幻灯片/大纲窗格和备注窗格。

在"幻灯片浏览"视图下，以缩略图的形式将所有幻灯片展示出来。

"阅读视图"下只显示幻灯片、演示文稿标题栏和状态栏，不能编辑幻灯片中的内容。按 Esc 键可随时退出阅读状态。

单击"幻灯片放映"视图按钮，将从当前幻灯片开始放映演示文稿文件，可以听到幻灯片中插入的声音，看到各种图片、动画、视频剪辑和幻灯片切换效果。按 Esc 键可随时退出放映状态。

10．窗口显示比例工具栏

窗口显示比例工具栏由"缩放级别"按钮、缩放滑块和"使幻灯片适应当前窗口"按钮组成，用于修改正在编辑幻灯片的显示比例。

8.1.3　创建演示文稿

启动 PowerPoint 2010 后，程序默认创建一个名为"演示文稿 1"的 PowerPoint 新空白演示文稿。此外，也可使用以下方式创建演示文稿。

（1）单击"文件"选项卡中的"新建"命令，在右侧窗格中选择"空白演示文稿"、"最近打开的模板"、"样本模板"、"主题"、"我的模板"或"根据现有内容新建"，单击"创建"按钮，如图 8-6 所示。

"样本模板"是指 PowerPoint 预先设计好的演示文稿样本，用户可根据所需内容将原始幻灯片中的图片、文字加以修改完善，模板包括"都市相册"、"古典型相册"、"培训"、"项目状态报告"等。

"主题"是指 PowerPoint 预先设计好的演示文稿样本框架，主题规定了演示文稿的外观样式，包括主题字体格式、主题颜色和主题效果。幻灯片中没有预设的文字内容，主题包括"奥斯汀"、"跋涉"、"波形"等。

选择"根据现有内容新建"演示文稿时，需要在弹出的"根据现有演示文稿新建"对话框中选择根据哪个原始文件的内容来新建演示文稿，选择某个原始文件，单击"新建"按钮，PowerPoint 会创建一个内容与它完全一致的新演示文稿。

注意　　在没有联网的情况下，只能选择 "可用模板和主题"组中的模板，单击"创建"按钮，即可创建相应模板的演示文稿。如果计算机已联网，则可在"Office.com模板"中选择需要的模板或搜索相关主题的模板，单击"下载"按钮，可以下载模板并创建该模板的演示文稿。

图8-6　新建演示文稿

（2）按 Ctrl+N 组合键，即可创建一个 PowerPoint 空白演示文稿，文件名为默认的"演示文稿2"、"演示文稿3"，以此类推。

8.1.4　保存演示文稿

1. 第一次保存默认命名的 PowerPoint 演示文稿

● 单击"文件"选项卡中的"保存"命令或者"另存为"命令。
● 单击"快速访问工具栏"中的"保存"按钮 。
● 按 Ctrl+S 组合键。

以上几个操作均会出现"另存为"对话框。在"另存为"对话框中选择保存演示文稿的位置，并输入演示文稿的文件名，保存类型默认为"PowerPoint 演示文稿"，其扩展名为".pptx"，最后单击"保存"按钮。

2. 保存已经命名的 PowerPoint 演示文稿

● 单击"文件"选项卡中的"保存"命令。
● 单击"快速访问工具栏"中的"保存"按钮 。
● 按 Ctrl+S 组合键。

执行以上几个操作后，系统均会按原路径和文件名保存当前 PowerPoint 演示文稿。

要将文件以新的存储路径或文件名进行保存，就需要单击"文件"选项卡中的"另存为"命令。如果要将文件保存为其他格式，则在"另存为"对话框的"保存类型"下拉列表中选择所需格式。

3．设置演示文稿的自动保存间隔时间

为了避免因断电、死机等意外造成演示文稿中正在编辑的信息丢失的情况，可以根据需要设置演示文稿自动保存的间隔时间，这样系统每隔设定的时间就会对演示文稿自动进行保存，程序意外关闭后，再次启动 PowerPoint 2010，演示文稿中的内容会得到恢复。具体方法如下。

（1）单击"文件"选项卡中的"选项"命令，打开"PowerPoint 选项"对话框。

（2）选择"保存"选项，在"保存自动恢复信息时间间隔"文本框中输入需要的时间，默认为"10 分钟"。

（3）单击"确定"按钮。

8.1.5　打开演示文稿

（1）要打开演示文稿，可打开演示文稿所在文件夹后，双击该 PowerPoint 演示文稿。

（2）在打开的 PowerPoint 2010 界面中单击"文件"选项卡中的"打开"命令或者按 Ctrl+O 组合键，在显示的"打开"对话框中选择需要打开演示文稿所在的文件夹位置，然后选择需要打开的演示文稿，最后单击"打开"按钮，即可打开所选的演示文稿文件。

（3）要打开最近编辑的演示文稿，可单击"文件"选项卡中的 "最近所用文件"命令，右侧窗格会显示最近使用过的演示文稿及其位置，单击所需演示文稿名称即可将其打开。

（4）在已打开演示文稿的任务栏图标处单击鼠标右键，在弹出的快捷菜单上方会显示最近使用的 10 个演示文稿名称，单击某个演示文稿名称即可将其打开（操作系统是 Windows 7）。

8.1.6　关闭演示文稿和退出程序

1．关闭演示文稿

关闭演示文稿的目的是仅关闭当前演示文稿，而没有退出 PowerPoint 程序。关闭演示文稿的方法有以下几种。

（1）单击"文件"选项卡中的"关闭"命令。

（2）在活动窗口中按 Alt+F4 组合键。

（3）双击当前演示文稿窗口标题栏左端的"控制菜单按钮"。

（4）单击当前演示文稿窗口标题栏左端的"控制菜单按钮"，在弹出的菜单中选择"关闭"命令。

（5）单击当前演示文稿窗口标题栏右端的"关闭"按钮。

（6）用鼠标右键单击当前演示文稿在任务栏处的图标，在快捷菜单中选择"关闭窗口"命令（操作系统是 Windows 7）。

（7）将光标指向当前演示文稿在任务栏处的图标，在显示的演示文稿窗口缩略图中单击右上角的"关闭"按钮（操作系统是 Windows 7）。

在关闭演示文稿时,如果该演示文稿的修改内容尚未被保存,则 PowerPoint 会弹出对话框,询问用户是否将更改保存到该演示文稿中,如图 8-7 所示。

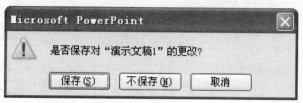

图 8-7 "询问是否保存演示文稿"对话框

● 如果单击"保存"按钮,则保存修改并关闭窗口,针对第一次保存的演示文稿还会显示"另存为"对话框。
● 如果单击"不保存"按钮,则不保存修改并关闭窗口。
● 如果单击"取消"按钮,则取消关闭操作,返回演示文稿编辑窗口。

2.退出程序

针对当前仅打开一个演示文稿的情况来说,关闭演示文稿的第(2)~第(7)种方式都等同于退出 PowerPoint 程序。

退出 PowerPoint 2010 的常用方法是单击"文件"选项卡中的"退出"命令。

8.2 PowerPoint 2010 基本操作

8.2.1 设置幻灯片版式

幻灯片的版式包含要在幻灯片中显示的全部内容的格式设置、位置和占位符。占位符是版式中的容器,可容纳如文本(包括正文文本、项目符号列表和标题)、表格、图表、SmartArt图形、影片、声音、图片及剪贴画等内容。版式中的元素如图 8-8 所示。

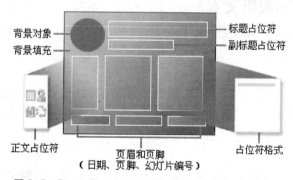

图 8-8 PowerPoint 2010 幻灯片中包含的版式元素

PowerPoint 2010 中内置很多普通的幻灯片版式,包括"标题幻灯片"、"标题和内容"、"两栏内容"等,如图 8-9 所示。用户也可以创建满足自身特定需求的自定义版式。

在普通视图中的幻灯片/大纲窗格中,右击某张幻灯片,在弹出的快捷菜单中选择"版式"选项,在其子菜单中单击某种版式,即可将它应用在这张幻灯片中。

理解"版式"的概念对掌握 9.1 节设置幻灯片母版的操作方法是非常有帮助的。

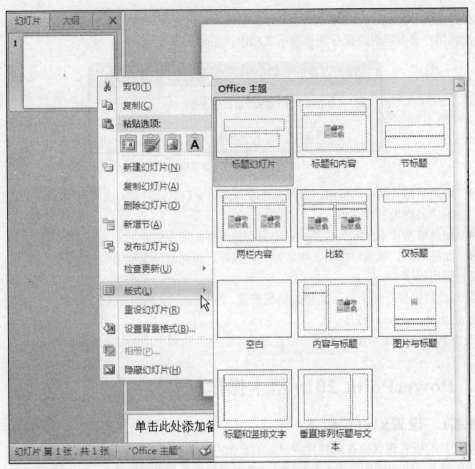

图 8-9　PowerPoint 2010 内置幻灯片版式

8.2.2　输入和编辑文本

熟练掌握制作演示文稿的基本操作之后，下面开始编辑演示文稿。通常在普通视图中输入和编辑文本内容。

1. 输入文本

单击占位符即可开始输入文本。占位符是指带有虚线或影线标记边框的框，它是绝大多数幻灯片版式的组成部分。可以调整大小、移动和复制占位符，其中文本的字号会随着文本内容的增加而自动调整，以适应占位符的大小。

2. 选中文本

选中占位符中某些文本内容的操作方法与在 Word 中选取连续文本和不连续文本的方法相同，具体请参看 4.2.3 小节选取文本。

选中占位符中的所有文本，只需单击占位符内部，然后单击占位符的边框（选中整个占位符）即可。

3. 编辑文本

选中所需文本后，即可编辑文字格式或文本所在段落的格式，可以选择"开始"选项卡的"字体"组或"段落"组的各个命令完成设置，基本操作可参照 4.3.1 小节文字格式和 4.3.2 小节段落格式。

4．为文本添加项目符号和编号

（1）给占位符中的各段文本添加项目符号。将光标插入要进行设置的段落中，或选中多个要进行设置的段落。单击"开始"选项卡的"段落"组中的"项目符号"按钮 右侧的下拉按钮，选择"项目符号和编号"选项，打开"项目符号和编号"对话框的"项目符号"选项卡，如图 8-10 所示。用户可以根据需要选择预设的项目符号、"图片"或"自定义"新的符号作为项目符号，也可以对这些符号的大小和颜色格式进行设置。

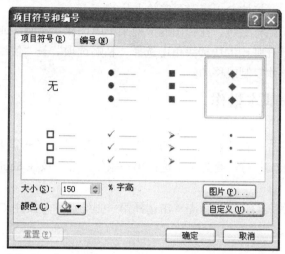

图 8-10　"项目符号和编号"对话框的"项目符号"选项卡

添加项目符号后，其后的段落会自动添加相同的项目符号。如果需要修改，则选中这些段落，重新打开"项目符号和编号"对话框进行设置；如果不再需要项目符号，则将光标定位到项目符号之后，按 Backspace 键删除或在"项目符号" 下拉列表中选择"无"。

（2）给占位符中的各段文本添加编号。将光标插入要进行设置的段落中，或选中多个要进行设置的段落。单击"开始"选项卡的"段落"组中"编号"按钮 右侧的下拉按钮，选择"项目符号和编号"选项，打开"项目符号和编号"对话框的"编号"选项卡，如图 8-11 所示。用户可以根据需要选择预设的编号，并对编号的大小、颜色和起始编号进行设置。

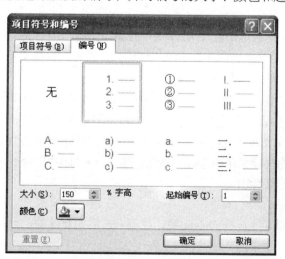

图 8-11　"项目符号和编号"对话框的"编号"选项卡

添加编号后，其后的段落会自动添加相同格式的后续编号。如果需要修改，则选中这些段落，重新打开"项目符号和编号"对话框，修改"起始编号"或其他编号格式；如果不再需要编号，则将光标定位在编号之后，按 Backspace 键删除或在"编号" ≣· 下拉列表中选择"无"。

5．占位符基本操作

调整占位符大小的方法是单击占位符边框后，拖动边框的 8 个控点之一即可。

选中整个占位符，直接按 Delete 键可删除占位符。

选中占位符，单击鼠标右键，在弹出的快捷菜单中选择"复制"或"剪切"命令，右击幻灯片中的目标位置，在弹出的快捷菜单中选择"粘贴选项"→"使用目标主题"命令 ，即可完成对占位符的整体复制或移动。

8.2.3 幻灯片基本操作

1．选择幻灯片

（1）选择某张幻灯片。在普通视图的幻灯片/大纲窗格中，单击需要选择的幻灯片即可。

（2）选择连续多张幻灯片。首先单击选择第一张幻灯片，按住 Shift 键，然后单击最后需要选择的幻灯片即可。

（3）选择不连续多张幻灯片。首先单击选择第一张幻灯片，按住 Ctrl 键，然后依次单击所需幻灯片即可。

2．插入幻灯片

单击选择某张幻灯片，然后单击"开始"选项卡中的"新建幻灯片"按钮 ，或者直接在幻灯片/大纲窗格中，右击某张幻灯片，在弹出的快捷菜单中选择"新建幻灯片"命令，在已选择幻灯片之后插入一张与它版式相同的新幻灯片。

也可单击"开始"功能区的"新建幻灯片"下拉按钮，根据需要在弹出的下拉列表中选择新幻灯片的版式。

3．移动幻灯片

单击选择幻灯片，然后按住鼠标左键拖动幻灯片直到目标位置后松开即可。

4．复制幻灯片

具体操作步骤如下。

（1）选择幻灯片（称为源幻灯片），单击"开始"选项卡的"剪贴板"组中的"复制"按钮 ；或者在幻灯片/大纲窗格中，右击源幻灯片，在弹出的快捷菜单中选择"复制"命令。这两种操作均可将源幻灯片复制到剪贴板中。

（2）选择另一张幻灯片，单击"开始"功能区的"剪贴板"组中的"粘贴"按钮 ；或者在幻灯片/大纲窗格中，右击这张幻灯片，在弹出的快捷菜单中选择"粘贴选项："→"使用目标主题"命令 或"保留源格式"命令 。这两种操作均可将源幻灯片粘贴在这张幻灯片之后。如果在弹出的快捷菜单中选择"粘贴选项："→"图片"命令 ，则源幻灯片会以图片的形式粘贴到这张幻灯片中。

5．删除幻灯片

单击需要删除的幻灯片，按 Delete 键；或者右击需要删除的幻灯片，在弹出的快捷菜单中选择"删除幻灯片"命令。

8.3 设置幻灯片外观

8.3.1 设置幻灯片主题

1．应用内置的主题

在制作演示文稿的过程中，为了使幻灯片美观、风格统一，PowerPoint 2010 提供了大量的预设主题可供使用。主题是指 PowerPoint 预先设计好的演示文稿样本框架，主题规定了演示文稿的外观样式，包括主题字体格式、主题颜色和主题效果。

单击"设计"选项卡的"主题"组中预设主题列表的"其他"按钮，可看到 PowerPoint 内置的所有主题，如图 8-12 所示。右击某种主题，在弹出的快捷菜单中选择"应用于所有幻灯片"命令，将该主题应用于当前演示文稿的所有幻灯片；选择"应用于选定幻灯片"命令，将该主题应用于选中的多张幻灯片；选择"应用于相应幻灯片"命令，将该主题应用于所选幻灯片和演示文稿中使用相同幻灯片母版的幻灯片，此命令仅在演示文稿中包含多个幻灯片母版时可用。

图 8-12 "主题"下拉列表

2．设置主题的颜色方案

针对每种主题模板，PowerPoint 2010 还提供了 40 余种颜色方案，用户可以根据需要选择一种颜色方案应用于所有幻灯片或某些幻灯片，或者新建主题颜色，从而制作出个性化的幻灯片外观。

（1）选择一种颜色方案应用于所有幻灯片或某些幻灯片，操作步骤如下。

① 选择要改变颜色方案的幻灯片。

② 单击"设计"选项卡的"主题"组中的"颜色"按钮 。

③ 在弹出的下拉列表中选中某种颜色方案后，单击鼠标右键，弹出如图 8-13 所示的快捷菜单。

④ 根据需要选择快捷菜单的某个选项，或者将某种经常要用到的颜色方案"添加到快速访问工具栏"中。

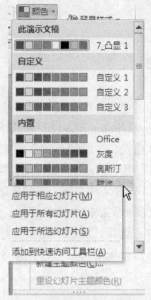

图 8-13 主题"颜色"下拉列表

（2）单击"设计"选项卡的"主题"组中的"颜色"下拉按钮 📗 颜色 ▾，在弹出的下拉列表中选择"新建主题颜色"选项，打开"新建主题颜色"对话框，如图 8-14 所示。依次在某种类型文字的色块下拉列表中选择新的颜色，最后单击"保存"按钮，即可保存新的颜色方案，用户可在颜色下拉列表中看到这种新建的颜色方案。

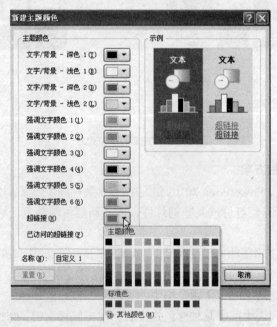

图 8-14 "新建主题颜色"对话框

（3）可以单击"设计"选项卡的"主题"组中的"字体"下拉按钮 ⫶⊻ 字体 ▾ 或"效果"下拉按钮 ◎ 效果 ▾，在弹出的下拉列表中修改所选主题的字体格式或显示效果。还可以根据需要新建"字体"的主题方案。

8.3.2 设置幻灯片背景

1．修改背景样式

用户可以选择修改某种主题下幻灯片的背景样式。单击"设计"选项卡的"背景"组中的"背景样式"下拉按钮，在下拉列表中右击某个背景样式，弹出的快捷菜单如图8-15所示。

图8-15 "背景样式"快捷菜单

在快捷菜单中选择"应用于所有幻灯片"，将这种背景样式应用于当前演示文稿的所有幻灯片；选择"应用于选定幻灯片"，将这种背景样式应用于选中的多张幻灯片；选择"应用于相应幻灯片"命令，将这种背景样式应用于所选幻灯片和演示文稿中使用相同幻灯片母版的幻灯片，此命令仅在演示文稿中包含多个幻灯片母版时可用。

2．设置背景格式

单击"设计"选项卡的"背景"组中的"背景样式"下拉按钮，在下拉列表中选择"设置背景格式"命令，打开"设置背景格式"对话框，如图8-16所示。

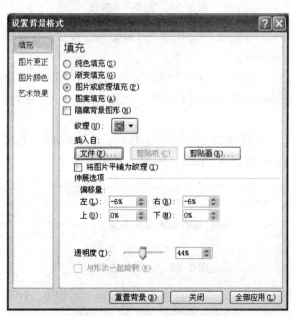

图8-16 "设置背景格式"对话框

在"设置背景格式"对话框中，默认选择"填充"选项，在右侧窗格中可以选择以"纯色填充"、"渐变填充"、"图片或纹理填充"或"图案填充"方式填充某张幻灯片的背景。如果需要为每张幻灯片的背景都设置相同的填充内容，则选择"全部应用"按钮。

如果选择"渐变填充"，则下方出现预设的渐变色以及渐变光圈的设置选项。

如果选择"图片或纹理填充"，则可以在"纹理"下拉列表中选择，或者单击"文件"按钮，在打开的"插入图片"对话框中选择想要作为背景的图片文件。此时，可以选择左侧窗格的"图片更正"、"图片颜色"或"艺术效果"对背景图片或纹理做进一步的美化设置。

此外，如果所选主题包含的背景图形把用户所设置的背景格式覆盖了，则可以勾选"设计"选项卡的"背景"组中的"隐藏背景图形"复选框。

8.4　插入对象

8.4.1　插入与编辑图像

1．插入图像

在 PowerPoint 2010 中既可以插入系统提供的图片（剪贴画），也可以从其他程序和文件夹导入图片。单击"插入"选项卡的"图像"组中的"剪贴画"按钮或"图片"按钮，如图 8-17 所示。具体插入图片、剪贴画的方法请参看 4.5.1 小节插入和编辑图片。

图 8-17　"图像"组按钮

单击"插入"选项卡的"图像"组中的"屏幕截图"按钮，可以插入任何未最小化到任务栏的程序截图或者截取屏幕。

在"插入"选项卡的"图像"组中的"相册"下拉列表中选择"新建相册"选项，可以根据在"相册"对话框中选择的一组图片创建和编辑一个演示文稿，每张图片占用一张幻灯片。

2．编辑图像

（1）设置图像格式。选中要编辑的图片或剪贴画，打开"格式"选项卡，如图 8-18 所示。"格式"选项卡的按钮的作用请参看 4.5.1 小节插入和编辑图片。

图 8-18　"格式"选项卡

单击"格式"选项卡的"大小"组的对话框启动器"按钮，打开"设置图片格式"对话框，如图 8-19 所示，可以对图像的格式做进一步的设置。

图 8-19 "设置图片格式"对话框

（2）图文混排。PowerPoint 幻灯片中图片与文字的混合排列方式与 Word 2010 是不同的。PowerPoint 中，图片和文字均属于各自独立的占位符，占位符之间的地位是平等的，所以可以选中占位符后对它们进行设置。

选中需要编辑的图片、剪贴画或图形，在"格式"选项卡的"排列"组中单击"上移一层"按钮、"下移一层"按钮，改变图片的叠放层次；按住 Shift 键，选中多个图片后，在"对齐"下拉列表中选择多个图片的对齐方式，如图 8-20 所示。

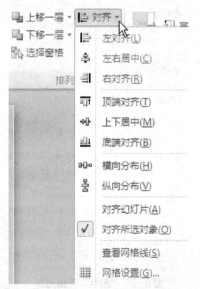

图 8-20 "对齐"下拉列表

此外，图像的删除、复制、移动请参看"8.2.2 输入和编辑文本"中"5. 占位符基本操作"。

8.4.2　插入形状和艺术字

1．插入形状

在"插入"选项卡的"插图"组（见图 8-21）的"形状"下拉列表（见图 8-22）中可以选择需要的形状，并在幻灯片中绘制出来。插入形状和编辑形状的具体操作请参看 4.5.2 小节插入和编辑图形。

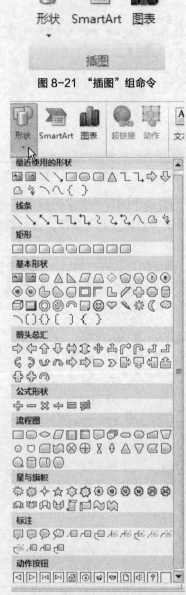

图 8-21　"插图"组命令

图 8-22　"形状"下拉列表

2．插入艺术字

单击"插入"选项卡的"文本"组中的"艺术字"下拉按钮，打开艺术字库样式列表框，在其中选择一种艺术字样式，即可在演示文稿中创建艺术字。对艺术字的编辑请参看 4.5.4 小节插入和编辑艺术字。

3．设置形状、艺术字的格式

选中形状、艺术字后出现"格式"选项卡，如图 8-23 所示，可以使用其中的命令设置它们的格式。在幻灯片中插入艺术字、图片、剪贴画后的效果如图 8-24 所示。

图 8-23 "格式"选项卡

图 8-24 在幻灯片中插入艺术字、图片、剪贴画的效果

4．设置形状填充内容

设置形状时，可以选中形状，在"格式"选项卡的"形状样式"组的"形状填充"下拉列表中选择"图片"选项，在打开的"插入图片"对话框中选择所需图片文件，将该图片以该形状的形态插入幻灯片中，而不是一般图片默认的方形。图 8-25 是在"心形"形状中"形状填充"某张图片，并对这个形状进行"形状轮廓"和"形状效果"修饰后的实际效果。

图 8-25 在"心形"形状中填充图片的效果

5．连接形状

插入两个形状后，在"插入"选项卡的"插图"组的"形状"下拉列表中单击某个"线

条"连接符按钮 ，可以连接这两个形状。当指针指向某个形状时，形状的边框出现红色控制点，如图 8-26 所示，线条的两端均需连接到两个形状各自的某个红色控制点，这两个形状在创建线条连接后被再次移动位置时，线条也会随之改变。

图 8-26　连接形状时的红色控制点

对形状、艺术字的删除、复制、移动请参看"8.2.2 输入和编辑文本"中"5. 占位符基本操作"。

8.4.3　插入表格

1. 创建表格

幻灯片中除了文字、图像、形状等内容外，表格是另一种表达和组织数据的方式。PowerPoint 与 Word 中创建和编辑表格的操作基本相同。

方法 1：在"表格"下拉列表中选定表格行数和列数以建立表格。

单击"插入"选项卡的"表格"组中的"表格"按钮，在弹出的"表格"下拉列表中选择表格行数和列数以建立表格，如图 8-27 所示。

图 8-27　PowerPoint 2010"表格"下拉列表

方法 2：通过"插入表格"对话框建立表格。

（1）将插入点放置在需要插入表格的位置。

（2）单击"插入"选项卡的"表格"组中的"表格"按钮，在弹出的"表格"下拉列表中选择"插入表格"命令，弹出"插入表格"对话框，如图 8-28 所示。

图 8-28　PowerPoint 2010 的"插入表格"对话框

（3）在"行数"和"列数"文本框中输入相应的行数、列数，单击"确定"按钮，在插入点建立一张符合要求的采用默认表格样式的表格，如图 8-29 所示。

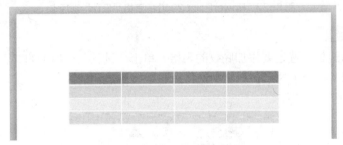

图 8-29　插入 4 行×4 列的表格

2．编辑和格式化表格

PowerPoint 与 Word 中编辑和格式化表格的操作基本相同，请参看 4.4.2 小节编辑和格式化表格。

以下仅说明 PowerPoint 与 Word 对编辑和格式化表格的不同之处。

（1）选定表格。因为在幻灯片中，一个表格属于一个占位符，所以选定表格的方式是直接单击表格。

（2）单元格的增加与删除。将插入点放置在表格中，单击"布局"选项卡的"行和列"组的各个按钮可以完成对行、列的增加和删除，如图 8-30 所示。

但是 PowerPoint 2010 没有对单元格的增加和删除操作。

图 8-30　PowerPoint 2010 的"布局"选项卡

（3）单元格的对齐方式。单击表格中的某个单元格，或选中多个单元格，单击"布局"选项卡的"对齐方式"组中的水平方向"居中"按钮▇和"垂直居中"按钮▇，如图 8-31 所示。

图 8-31　PowerPoint 2010 的"对齐方式"组命令

此外，PowerPoint 2010 中没有"跨页自动重复出现的表格标题行"这项功能。

3．格式化表格

（1）表格样式。表格样式是一组事先设置了表格边框、底纹、对齐方式等格式的表格模板。单击表格，在"设计"选项卡中选择某个内置的表格样式，如图 8-32 所示。

图 8-32　PowerPoint 2010 的表格"设计"选项卡

（2）表格底纹。

① 单击表格边框，选定要添加底纹的表格，单击"设计"选项卡的"表格样式"组中的"底纹"下拉按钮，在弹出的下拉列表中选择对整个表格应用的底纹颜色或填充"图片"、"纹理"等命令，如图 8-33 所示。

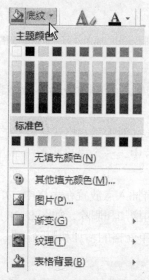

图 8-33　PowerPoint 2010 的"底纹"下拉列表

② 如果单击表格中的某个单元格或选中多个单元格，则底纹的修改只对某个单元格或选中的多个单元格有效。

（3）表格边框。

① 与表格底纹的设置方式相同。给整个表格设置边框时，单击表格的边框以选中整个表格，在"设计"选项卡的"绘图边框"组中选择边框的"笔样式"、"笔划粗细"和"笔颜色"命令，在"设计"选项卡的"表格样式"组中的"边框"下拉列表（见图 8-34）中选择"外侧框线"，给表格设置新的外边框线，选择"内部框线"则只会给表格的内部设置新的框线，也可以选择"边框"下拉列表中的其他命令给表格的某个特定位置添加边框。

② 如果单击表格中的某个单元格或选中多个单元格，则框线的修改只对某个单元格或选中的多个单元格有效。

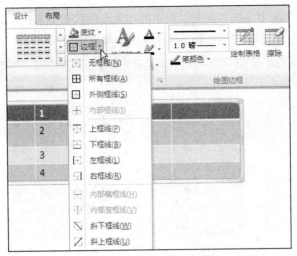

图 8-34　PowerPoint 2010 的"边框"下拉列表

（4）表格效果。

① 单击表格边框，选定要添加效果的表格，在"设计"选项卡的"表格样式"组中的"效果"下拉列表中可以设置表格或单元格的显示效果，包括"单元格凹凸效果"、"阴影"和"映像"效果，如图 8-35 所示。

② 如果单击表格中的某个单元格或选中多个单元格，则效果的修改只对某个单元格或选中的多个单元格有效。

图 8-35　PowerPoint 2010 的"效果"下拉列表

8.5　幻灯片放映设计

8.5.1　设置动画效果

幻灯片中的所有对象都可以设置动画效果，如对象进入幻灯片时的动态效果、多个动画出现的先后顺序、持续的时间和声音效果等，从而提高演示文稿的动态性。

对象设置动画效果后，只有在预览动画或放映幻灯片时才能显示出来。未设置动画效果的对象，则无论放映与否，均显示在幻灯片上。

1．设置对象的动画效果

设置对象动画效果的操作步骤如下。

（1）单击要设置动画效果的对象。

（2）单击"动画"选项卡的"动画"组中的某个预设动画效果按钮，即可为选中对象设置所选的动画效果。

　　或者单击"动画"选项卡的"动画"组中的预设动画效果列表的"其他"按钮，打开所有预设动画效果列表，如图 8-36 所示，选择其中一个动画效果。

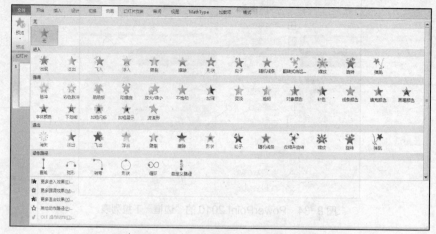

图 8-36 "动画"选项卡的预设动画下拉列表

（3）修改动画默认效果。

　　①"动画"组的"效果选项"下拉列表中显示了某种动画效果的设置选项，如图 8-37 所示，用户可根据需要修改动画的效果。

图 8-37 "效果选项"下拉列表

　　② 在"计时"组的"开始"下拉列表（见图 8-38）中默认选择"单击时"，表示该动画效果在单击时才显示出来。用户也可以根据需要选择动画效果的出现时间是"与上一动画同时"或"上一动画之后"。

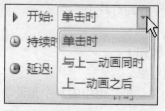

图 8-38 动画"开始"下拉列表

③ 在"计时"组的"持续时间"文本框中输入希望动画效果持续的时间,"02.00"表示2秒。

④ 在"计时"组的"延迟"文本框中输入动画效果延迟播放的时间。

⑤ 幻灯片中设置了动画效果的对象左侧会出现数字标记,如 ▣、▣ ,这些数字标记表示动画播放时的顺序。

单击"动画"选项卡的"高级动画"组中的"动画窗格"按钮,打开动画窗格,如图 8-39 所示。可以选中动画窗格中的动画,注意不是选中幻灯片中的对象,然后单击动画窗格下方的向前移动按钮▲和向后移动按钮▼,提前或者推后动画播放的时间。

在两种情况下两个对象的数字标记会相同。第一种情况是第二个对象的动画播放"开始"于"与上一动画同时",如图 8-39 所示。第二种情况是第二个对象的动画播放"开始"于"上一动画之后",如图 8-40 所示,"矩形 2"对象的动画开始于"曲线连接符 13"对象的动画之后。

图 8-39　动画窗格

图 8-40　"矩形 2"对象的动画开始于"曲线连接符 13"对象的动画之后

⑥右击动画窗格中的某个(如劈裂)动画,弹出的快捷菜单如图 8-41 所示。选择"效果选项"命令,打开"劈裂"对话框的"效果"选项卡,如图 8-42 所示,在"增强"组中的"声音"下拉列表中选择动画播放时伴随出现的声音效果。在"动画播放后"下拉列表中选择动画播放后的显示效果。

"劈裂"对话框的"计时"选项卡如图 8-43 所示,用户可以选择动画"重复"的次数。

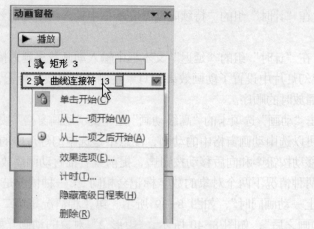

图 8-41　动画效果快捷菜单

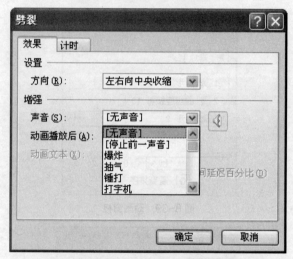

图 8-42　"劈裂"对话框的"效果"选项卡

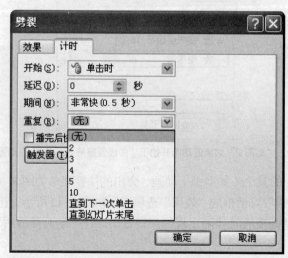

图 8-43　"劈裂"对话框的"计时"选项卡

2．动画效果的种类

预设的动画效果分为进入、强调、退出和动作路径 4 种。

（1）"进入"效果。"进入"效果用于设计对象进入幻灯片时的动画效果。单击"动画"选项卡的"动画"组中的预设动画效果列表的"其他"按钮，打开所有预设动画效果列表，如图 8-36 所示，选择"更多进入效果"选项，打开"更多进入效果"对话框。

（2）"退出"效果。"退出"效果用于设计对象退出幻灯片时的动画效果。单击"动画"选项卡的"动画"组中的预设动画效果列表的"其他"按钮，打开所有预设动画效果列表，如图 8-36 所示，选择"更多退出效果"选项，可以打开"更多退出效果"对话框。

（3）"强调"效果。"强调"效果用于设计对象在幻灯片中从原始状态发生变化的动画效果。单击"动画"选项卡的"动画"组中的预设动画效果列表的"其他"按钮，打开所有预设动画效果列表，如图 8-36 所示，选择"更多强调效果"选项，可以打开"更多强调效果"对话框。

（4）"动作路径"效果。"动作路径"效果用于指定对象或文本在幻灯片中行进的路径。单击"动画"选项卡的"动画"组中的预设动画效果列表的"其他"按钮，打开所有预设动画效果列表，如图 8-36 所示，选择"其他动作路径"选项，可以打开"更改动作路径"对话框，如图 8-44 所示。

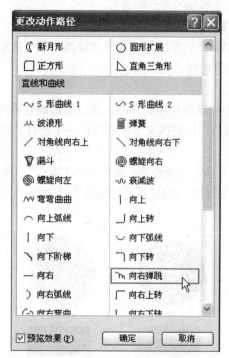

图 8-44 "更改动作路径"对话框

例如，插入一个椭圆形状，按住 Shift 键，在幻灯片中画出一个圆形，选中整个圆形，在"格式"选项卡中设置它的格式，然后给它添加"动作路径"动画效果，打开"更改动作路径"对话框，选择"向右弹跳"选项，如图 8-44 所示，单击"确定"按钮。

右击已设置动作路径动画的对象，在弹出的快捷菜单中选择"编辑顶点"，动作路径中会出现一些黑色方形顶点，如图 8-45 所示。右击路径，在弹出的快捷菜单中还可以选择"删除顶点"或"添加顶点"，用户可以拖动顶点以编辑路径。其中，绿色三角形代表动作路径的起点，红色三角形代表终点。

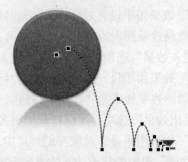

图 8-45　小球向右弹跳动画效果

3．修改对象的动画效果

可以选中"动画窗格"中的某个动画效果，注意不是选中幻灯片中的对象，单击"动画"选项卡中的"动画"组中的预设动画效果列表中的某个新动画效果。

4．添加对象的动画效果

选择幻灯片中需要添加多个动画效果的对象，在"动画"选项卡的"高级动画"组的"添加动画"下拉列表中选择需要添加的新动画效果。

5．取消对象的动画效果

直接删除"动画窗格"中某个对象的动画效果或者选中某个对象，在"动画"选项卡的"动画"组的预设动画效果列表中选择"无"选项。

6．触发器

触发器是 PowerPoint 中实现交互性的功能，通过单击触发器可以控制一个已设定好的动画。触发器可以是图片、图形、按钮或文本框等任何一个幻灯片中的对象。下面例子来说明触发器的作用及其设置方法。

例如，设置如图 8-46 所示的动画效果，单击"蓝球缩放"按钮可以触发蓝色球缩放的动画效果，单击"红球缩放"按钮可以触发红色球缩放的动画效果，单击幻灯片中的其他位置，会进入下一张幻灯片。

图 8-46　按钮触发动画效果

操作步骤如下。

（1）绘制两个圆形和两个长方形。

（2）为两个圆形和两个长方形分别填充蓝色和红色，在两个长方形中添加文字。

（3）给这 4 个对象命名。在设置触发器之前最好为幻灯片中的各元素命名，以便在设置中能准确找到相应对象。

命名的方法是在"开始"选项卡的"编辑"组中的"选择"下拉列表中单击"选择窗格"选项，如图 8-47 所示，打开选择窗格。单击幻灯片中的蓝色球对象，可以看到选择窗格中有

个名称被选中，单击这个名称，输入对象的新名称"蓝色球"。红色球、蓝色按钮和红色按
钮均依此方法进行命名，效果如图 8-48 所示。

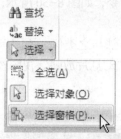

图 8-47　"选择窗格"选项

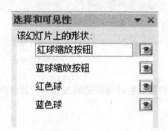

图 8-48　重命名选择窗格中的各对象

（4）给两个小球分别添加动画效果。

① 在幻灯片中单击蓝色球对象，单击"动画"选项卡的"动画"组中的预设动画效果列
表的"其他"按钮，打开所有预设动画效果列表，如图 8-36 所示，选择"强调"组中的"放
大/缩小"命令。

② 单击"动画"选项卡的"高级动画"组中的"动画窗格"按钮，打开动画窗格，右击
蓝色球动画，在弹出的快捷菜单中选择"效果选项"命令，打开"放大/缩小"动画效果对话
框的"效果"选项卡，如图 8-49 所示，勾选"自动翻转"复选框。单击"确定"按钮，完成
设置。

③ 红色球的动画设置与蓝色球相同。

图 8-49　选中"放大/缩小"对话框的"自动翻转"复选框

（5）给两个动画效果设置各自的触发器。

单击"动画窗格"中的蓝色球动画效果，在"动画"选项卡的"高级动画"组的"触发"下拉列表中选择"蓝球缩放按钮"命令，如图 8-50 所示，设置蓝色球缩放动画效果的触发器为"蓝球缩放按钮"。

设置红色球缩放动画触发器的方法与之类似，不同点是触发器应选择"红球缩放按钮"。

（6）单击视图切换工具栏中的"幻灯片放映"视图按钮，可以放映当前幻灯片查看该动画的效果。

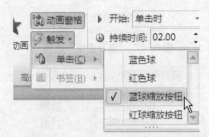

图 8-50　设置蓝色球缩放的触发器为"蓝球缩放按钮"

7．动画刷

动画刷与格式刷的功能类似。单击幻灯片中某个已设置动画效果的对象，单击"动画"选项卡的"高级动画"组中的"动画刷"按钮，再单击其他对象，则第二个对象将拥有与第一个对象相同的动画效果。双击"动画刷"按钮，可将动画效果复制给多个对象，按 Esc 键退出动画刷功能。

8．预览动画效果

单击"动画"选项卡的"预览"组中的"预览"按钮，可以在幻灯片没有放映的情况下预览幻灯片中的动画效果。

8.5.2　设置幻灯片切换效果

幻灯片切换效果是在幻灯片放映期间从一张幻灯片进入下一张幻灯片时出现的动画效果。设置幻灯片切换效果的步骤如下。

（1）在"幻灯片/大纲"窗格选中需要添加切换效果的一张幻灯片或一组幻灯片。

（2）单击"切换"选项卡的"切换到此幻灯片"组中的预设切换效果列表的"其他"按钮，打开所有预设切换效果列表，如图 8-51 所示，选择其中一种切换效果，它将应用于所选的幻灯片中。

图 8-51　"切换"选项卡

单击"计时"组的"全部应用"按钮，可使当前设置的切换效果应用到演示文稿中的所有幻灯片中。

（3）深入设置切换效果。要具体设置幻灯片切换效果的持续时间，可以在"切换"选项卡的"计时"组中的"持续时间"文本框中输入所需的时间；要设置幻灯片切换时的声音，可以在"切换"选项卡的"计时"组的"声音"下拉列表中选择一种声音或选择计算机中的个声音文件。

（4）预览切换效果。单击"切换"选项卡的"预览"组中的"预览"按钮，可以在幻灯片没有放映的情况下预览幻灯片的切换效果。

8.5.3 设置幻灯片放映

1. 设置放映方式

演示文稿制作完成后，需要放映演示文稿，以检查各对象的设置是否符合要求。目前一般使用计算机投影仪在大幕布上放映演示文稿。PowerPoint 默认的放映方式为"演讲者放映（全屏幕）"。

"幻灯片放映"选项卡如图 8-52 所示。要更改幻灯片放映方式，可单击"幻灯片放映"选项卡的"设置"组中的"设置幻灯片放映"按钮，弹出如图 8-53 所示的对话框。

图 8-52 "幻灯片放映"选项卡

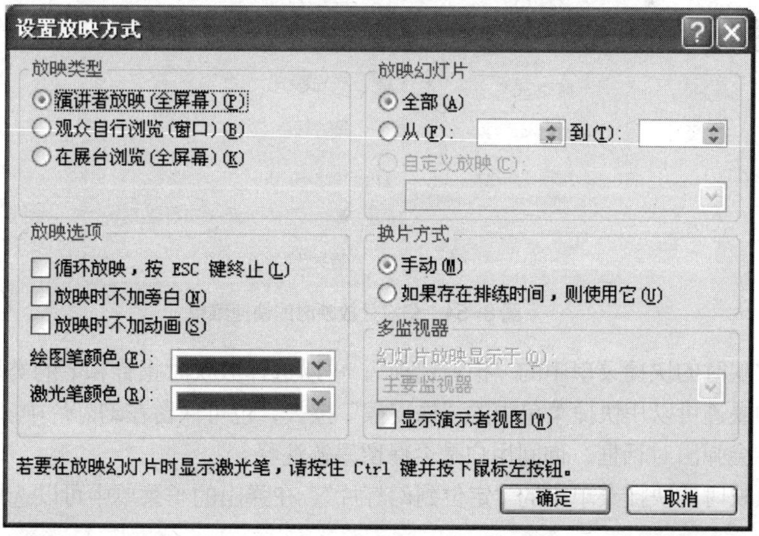

图 8-53 "设置放映方式"对话框

在"设置放映方式"对话框中，可以设置放映类型、放映选项、放映幻灯片和换片方式等。其中放映类型有 3 种，分别是：演讲者放映（全屏幕）、观众自行浏览（窗口）和在展台浏览（全屏幕）。演讲者放映（全屏幕）是默认的放映方式，通常用于演讲者亲自播放演示文稿。观众自行浏览（窗口）方式用于在标准窗口中观看放映，包含自定义菜单和命令，便于观众自己控制演示文稿的放映，类似于演示文稿的"阅读视图"方式。在展台浏览（全屏幕）方式用于自动全屏幕循环放映演示文稿，观众只能观看不能控制，按 Esc 键终止放映。

2．幻灯片放映

幻灯片放映的方法有以下几种。

（1）单击"幻灯片放映"选项卡的"开始放映幻灯片"组中的"从头开始"按钮，从演示文稿的第一张幻灯片开始放映；如果选择"从当前幻灯片开始"按钮，则从当前所在幻灯片开始放映。

（2）单击 PowerPoint 界面右下角视图切换工具栏中的"幻灯片放映"按钮 🖳，从当前所在幻灯片开始放映。

（3）按 F5 键，从演示文稿的第一张幻灯片开始放映。

（4）按 Shift+F5 组合键，从当前所在幻灯片开始放映。

退出幻灯片放映的方法有以下两种。

（1）按 Esc 键退出。

（2）右击放映中的幻灯片，在弹出的快捷菜单中选择"结束放映"选项，如图 8-54 所示。

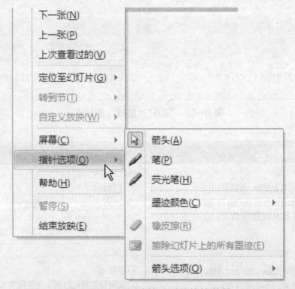

图 8-54　幻灯片放映时的快捷菜单

选择放映时的快捷菜单中的"指针选项"，可以选择放映时指针和笔的类型，以及墨迹颜色。所写的墨迹可以用快捷菜单中的"橡皮擦"擦去，也可保留在幻灯片中。在结束放映时，PowerPoint 会弹出对话框，询问用户是否保留墨迹注释。

选择放映时的快捷菜单中的"定位到幻灯片"，在弹出的子菜单中可以选择接下来放映哪张幻灯片。

在放映幻灯片时，按住 Ctrl 键不放，拖动鼠标会产生红色圆圈激光点，用以指示幻灯片中的重要内容。

8.6 演示文稿的输出

8.6.1 演示文稿的打包

演示文稿打包的目的是在没有安装 PowerPoint 2010 的计算机中放映演示文稿。

单击"文件"选项卡，在展开的列表中选择"保存并发送"→"将演示文稿打包成 CD"→"打包成 CD"选项，如图 8-55 所示。

图 8-55 "将演示文稿打包成 CD"选项

在弹出的"打包成 CD"对话框中单击"复制到文件夹"按钮，如图 8-56 所示，在打开的"复制到文件夹"对话框中设置文件夹的名称和存放位置，如图 8-57 所示，单击"确定"按钮。

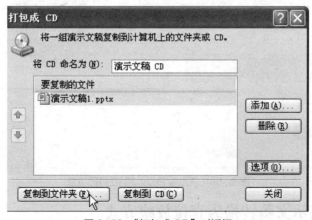

图 8-56 "打包成 CD"对话框

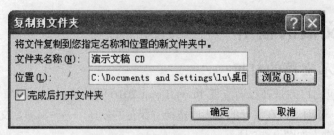

图 8-57 "复制到文件夹"对话框

打包后的文件在一个名为"演示文稿 CD"的文件夹中，在联网的情况下，打开其中的"PresentationPackage.html"网页文件，在网页中单击"Download Viewer"按钮，下载 PowerPoint 播放器（PowerPointViewer.exe），安装后打开该文件夹中的演示文稿文件，即可放映这个文件。

如果在"打包成 CD"对话框中单击"复制到 CD"按钮，则需要在光驱中插入一张 CD 用于刻录演示文稿文件。播放 CD 时，无须下载 PowerPoint 播放器。

8.6.2 打印演示文稿

演示文稿制作完成之后，可以将其打印出来，可以打印整个演示文稿、某几张幻灯片、大纲视图、备注页以及讲义（一页打印几张幻灯片）。

单击"文件"选项卡，在展开的列表中选择"打印"，右侧出现两个窗格，如图 8-58 所示，左侧的窗格是打印属性的设置选项，右侧窗格可对演示文稿进行打印预览。

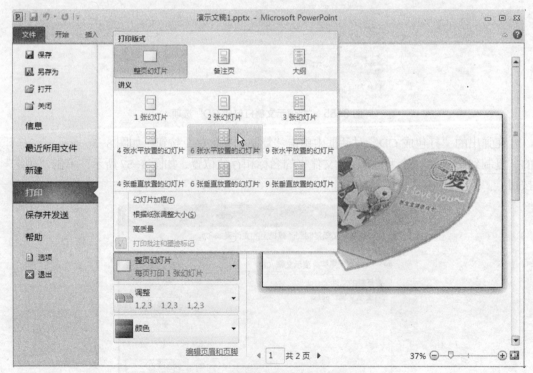

图 8-58　PowerPoint 2010 打印设置

8.6.3 将演示文稿转换为直接放映方式

在没有安装 PowerPoint 2010 的计算机中放映演示文稿的另一个方法是将它保存为

"PowerPoint 放映（*.ppsx）"类型。

单击"文件"选项卡，在展开的列表中选择"保存并发送"→"更改文件类型"，在子菜单中双击"PowerPoint 放映（*.ppsx）"选项，如图 8-59 所示，在弹出的"另存为"对话框中将演示文稿保存为"PowerPoint 放映（*.ppsx）"类型即可。

图 8-59　"更改文件类型"列表

8.7　小结

本章介绍了 PowerPoint 2010 的基本功能，幻灯片的基本操作，设置演示文稿的主题和幻灯片的背景，在幻灯片中插入文本、图片、艺术字、形状、表格等对象，演示文稿的动画设计，设置切换效果和放映方式，演示文稿的打包和打印。

PowerPoint 2010 是制作电子演示文稿的优秀软件，掌握这个软件的基本操作是十分必要的，读者在实际操作中应多加练习，反复推敲放映时呈现出的效果，并认真学习下一章的内容，期待能做出更精彩的演示文稿。

第 9 章
PowerPoint 2010
高级应用

本章学习要点：

● PowerPoint 2010 演示文稿中幻灯片母版的制作和使用
● PowerPoint 2010 幻灯片中 SmartArt 图形、图表、音频、视频对象的编辑和应用
● PowerPoint 2010 幻灯片中链接操作等交互设置
● PowerPoint 2010 幻灯片放映设置

PowerPoint 2010 是 Office 2010 办公套装软件中的一个重要组件，它可以帮助用户快速创建和编辑具有精美外观和交互性的演示文稿，帮助用户准确生动地传递信息、进行教学活动和学术交流。

9.1　设置幻灯片母版

9.1.1　母版

母版是演示文稿中所有幻灯片的底版。通过修改母版，可以修改整个演示文稿的格式，控制演示文稿的整体外观。PowerPoint 2010 的演示文稿有 3 种母版：幻灯片母版、讲义母版和备注母版。打开"视图"功能区的"母版视图"组，如图 9-1 所示。

图 9-1　"母版视图"组命令

（1）幻灯片母版。幻灯片母版用于存储模板信息，包括文字格式、占位符大小和位置、背景设计和配色方案等。

（2）讲义母版。讲义母版用于格式化讲义，可以更改讲义中页眉和页脚内文本、日期或页码的外观、位置和大小。

（3）备注母版。备注母版用于格式化备注页，调整幻灯片的大小和位置。

9.1.2 修改幻灯片母版

下面举例说明修改幻灯片母版的方法。

（1）创建有3张幻灯片的演示文稿文件，第一张幻灯片的版式是"标题幻灯片"，第二、第三张幻灯片的版式是"标题和内容"。

（2）单击"视图"功能区的"母版视图"组中的"幻灯片母版"按钮，打开"幻灯片母版"选项卡，它提供了设置母版、母版版式、主题、背景和页面的各组命令，如图9-2所示。

（3）由图9-2中的提示信息可知，当需要修改所有幻灯片（幻灯片1-3）时，可以单击左侧窗格中的第一张幻灯片，在右侧的幻灯片窗格中进行设置。

当需要修改具有"标题幻灯片"版式的幻灯片（幻灯片1）时，可以单击左侧窗格中的第二张幻灯片，在右侧的幻灯片窗格中进行设置。

当需要修改具有"标题和内容"版式的幻灯片（幻灯片2-3）时，可以单击左侧窗格中的第三张幻灯片，在右侧的幻灯片窗格中进行设置。

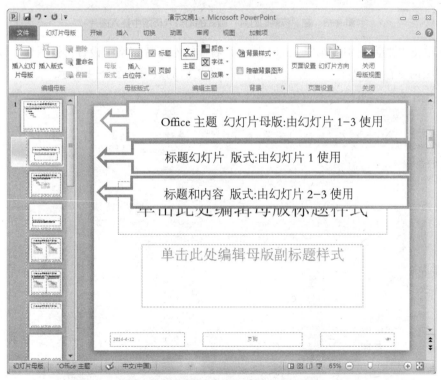

图9-2 "幻灯片母版"选项卡及编辑窗格

（4）单击左侧窗格中的第二张幻灯片，在右侧的幻灯片窗格中插入一张图片。单击"插入"选项卡的"图像"组中的"图片"按钮，在"插入图片"对话框中选择一张图片，在幻灯片中调整该图形的位置即可。设置后的效果如图9-3所示。

图9-3　在"标题幻灯片"版式的幻灯片母版中插入图片

（5）单击左侧窗格中的第三张幻灯片，在右侧的幻灯片窗格中设置背景图片。设置背景图片的方法请参看 8.3.2 小节设置幻灯片背景。设置后的效果如图 9-4 所示。

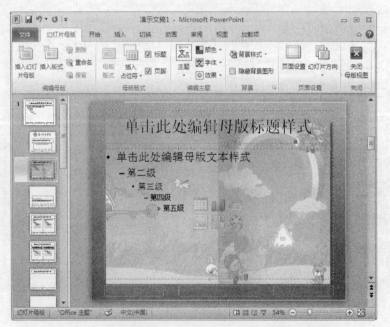

图9-4　在"标题和内容"版式的幻灯片母版中填充背景图片

（6）在"视图"功能区的"母版版式"组的"插入占位符"下拉列表中选择对某种版式的幻灯片插入新的文字、图片、表格等对象。

（7）如需离开母版编辑状态，则单击"幻灯片母版"选项卡的"关闭母版视图"按钮，注意不是关闭整个演示文稿，而是返回到演示文稿工作区。

（8）在普通视图下，在左侧的"幻灯片/大纲"窗格中可以看到 3 张幻灯片设置母版后的效果，如图 9-5 所示。

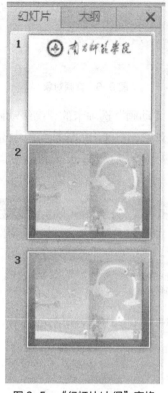

图 9-5　　"幻灯片/大纲"窗格

9.2　插入对象

PowerPoint 演示文稿中不但可以插入图片、形状、艺术字和表格等对象，还可以插入音频和视频对象、SmartArt 和图表，并可以为它们添加各种视觉效果，包括三维效果、阴影、映像等。

9.2.1　插入音频和视频

在幻灯片中可以插入的音频和视频对象包括文件中的音频、剪贴画音频和录制音频、文件中的视频、剪贴画视频或来自网站的视频。

1．插入音频

插入音频的步骤如下。

（1）在"幻灯片/大纲"窗格中选择要插入音频的幻灯片。

（2）单击"插入"选项卡的"媒体"组中的"音频"按钮，在弹出的下拉列表中单击其中一项，如"文件中的音频"，弹出"插入音频"对话框，选择声音文件，单击"确定"按钮。PowerPoint 2010 支持.aif、.au、.mid、.mp3、.wav、.wma 等声音格式。

（3）音频对象插入幻灯片后，单击音频对象时会出现如图 9-6 所示的播放栏，播放栏包括播放（暂停）按钮、快退按钮、快进按钮和音量控制按钮等。

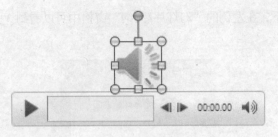

图9-6 音频对象

（4）单击音频对象，再单击"动画"选项卡的"高级动画"组中的"动画窗格"按钮，在打开的动画窗格中，右击音频对象，在弹出的快捷菜单中选择"效果选项"，打开"播放音频"对话框的"效果"选项卡，如图9-7所示。用户可以对音频"开始播放"的时间，"停止播放"的时间等选项进行设置。

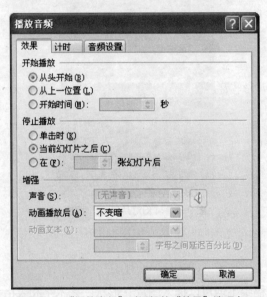

图9-7 "播放音频"对话框的"效果"选项卡

可以在"播放音频"对话框的"计时"选项卡（见图9-8）中对音频"开始"的方式、"重复"的次数等选项进行设置。

2．插入视频

插入视频的步骤如下。

（1）在"幻灯片/大纲"窗格中选择要插入视频的幻灯片。

（2）在"插入"选项卡的"媒体"的"视频"下拉列表中单击其中一项，如"文件中的视频"，弹出"插入视频文件"对话框，选择视频文件，单击"确定"按钮。PowerPoint 支持.asf、.avi、.mpg、.mpeg、.wmv 等格式的视频文件。

（3）视频对象插入幻灯片后，单击视频对象时会出现一个播放栏，播放栏包括播放（暂停）按钮、快退按钮、快进按钮和音量控制按钮等。

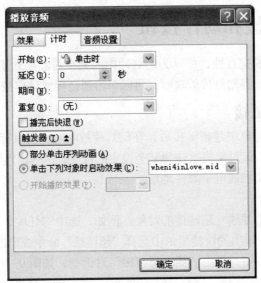

图9-8 "播放音频"对话框的"计时"选项卡

（4）单击视频对象，再单击"动画"选项卡的"高级动画"组中的"动画窗格"按钮，在打开的动画窗格中，右击视频对象，在弹出的快捷菜单中选择"效果选项"，打开相应对话框进行设置。

9.2.2 插入图表

在 PowerPoint 中允许嵌入 Excel 图表。插入图表的步骤如下。

（1）在"幻灯片/大纲"窗格中选择要插入图表的幻灯片。

（2）单击"插入"选项卡的"插图"组中的"图表"按钮，打开"插入图表"对话框，如图 9-9 所示，选择某个图表类型，单击"确定"按钮，在打开的 Excel 界面中输入相关数据，然后编辑图表格式。具体方法请参看 6.5 节图表的相关内容。

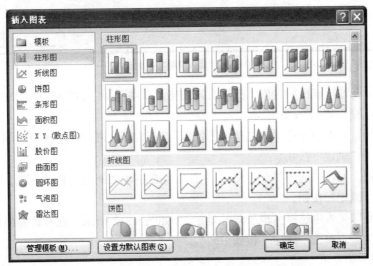

图9-9 "插入图表"对话框

插入 SmartArt 图形的方法请参看 4.5.5 小节插入和编辑 SmartArt 图形。

9.3 设置超链接和动作按钮

为了增强演示文稿的交互性，可以为幻灯片中的某个对象建立超链接，也可以在幻灯片中设置动作按钮。这样，当幻灯片放映时，可以单击超链接或动作按钮跳转到其他位置。

9.3.1 设置超链接

为幻灯片中的某个对象创建超链接后，在幻灯片放映时，把鼠标指针移动到该对象上，鼠标指针变成手形，单击该对象将跳转到某个设定的位置，这些位置包括：现有文件或网页、本文档中的位置、新建文档或电子邮件地址。

设置超链接的步骤如下。

（1）选择幻灯片中需要建立超链接的对象。例如，选中幻灯片 2 中的某个文本框。

（2）右击该对象，在弹出的快捷菜单中选择"超链接"命令或单击"插入"选项卡的"链接"组中的"超链接"按钮，弹出"插入超链接"对话框，如图 9-10 所示。

"链接到"列表中默认选择"现有文件或网页"，在右侧窗格可以选择某个现有文件或在下方的"地址"文本框中输入网址，单击"确定"按钮。

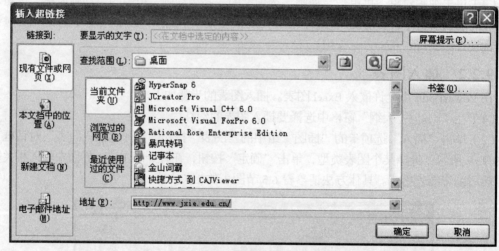

图 9-10 "插入超链接"对话框

（3）右击已设置超链接的对象，在弹出的快捷菜单中选择"编辑超链接"命令，弹出"编辑超链接"对话框，如图 9-11 所示。

在"链接到"列表中选择"本文档中的位置"，在右侧窗格可以选择当前演示文稿中的某张幻灯片，单击"确定"按钮。

在"链接到"列表中选择"新建文档"，在右侧窗格输入新建文档的名称，更改文件的保存路径，单击"确定"按钮。

在"链接到"列表中选择"电子邮件地址"，如图 9-12 所示，在右侧窗格输入电子邮件地址和邮件的主题，单击"确定"按钮。

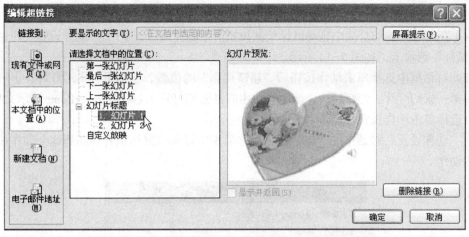

图 9-11　选择"编辑超链接"对话框中的"本文档中的位置"

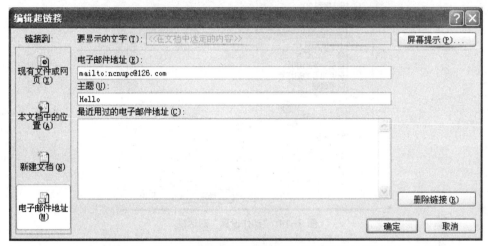

图 9-12　单击"编辑超链接"对话框的"电子邮件地址"

（4）右击已设置超链接的对象，在弹出的快捷菜单中选择"取消超链接"命令，可以取消该对象的超链接设置。

9.3.2　设置动作按钮

PowerPoint 不但可以为幻灯片中的对象建立超链接，而且提供了动作按钮用于实现幻灯片间或文件间的相互跳转。

设置动作按钮的步骤如下。

（1）在"幻灯片/大纲"窗格中选择要插入动作按钮的幻灯片。

（2）在"插入"选项卡的"插图"组的"形状"下拉按钮，弹出一个下拉列表，其中最后一行如图 9-13 所示，这是 PowerPoint 提供的 12 个动作按钮，从左到右默认的功能依次是后退或前一项、前进或下一项、开始、结束、第一张、信息、上一张、影片、文档、声音、帮助和自定义。用户可以根据需要，通过"动作设置"对话框改变其默认的功能。

图 9-13　动作按钮

（3）单击"动作按钮"组中的任何一个按钮。

（4）在所选择的幻灯片中拖动鼠标绘制按钮。绘制完成后，弹出"动作设置"对话框的"单击鼠标"选项卡，如图9-14所示。

在此对话框中选择单击动作按钮后"超链接到"的位置，包括下一张幻灯片、上一张幻灯片、第一张幻灯片、幻灯片…（演示文稿中的某张幻灯片）、其他PowerPoint演示文稿等。还可以选择单击动作按钮时是否"播放声音"。

在"动作设置"对话框的"鼠标移过"选项卡中设置当鼠标指针移动到这个动作按钮时产生的动作。

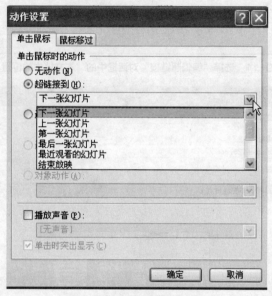

图9-14 "动作设置"对话框

（5）在"动作设置"对话框中选择"无动作"单选按钮，可以取消该动作按钮的跳转作用。

（6）单击"确定"按钮，完成对动作按钮的动作设置。

9.4 放映演示文稿

9.4.1 自定义放映

演示文稿在有些场合可能不需要放映全部幻灯片，这时可以通过自定义放映把需要放映的幻灯片重新组合起来，然后在放映过程中直接播放这些幻灯片，从而提高工作效率。创建自定义放映幻灯片的操作步骤如下。

（1）在"幻灯片放映"选项卡的"开始放映幻灯片"组中的"自定义幻灯片放映"下拉列表中选择"自定义放映"按钮，弹出如图9-15所示的"自定义放映"对话框。

（2）单击对话框中的"新建"按钮，弹出如图9-16所示的"定义自定义放映"对话框，在该对话框的左窗格依次选中要放映的幻灯片，单击"添加"按钮。输入幻灯片的放映名称，默认名称为"自定义放映1"，单击"确定"按钮即可。

图 9-15 "自定义放映"对话框

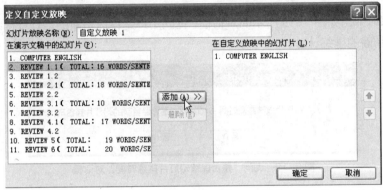

图 9-16 "定义自定义放映"对话框

（3）单击"幻灯片放映"选项卡的 "设置"组中的"设置幻灯片放映"按钮，弹出如图 9-17 所示的"设置放映方式"对话框。在放映幻灯片组中，勾选"自定义放映"单选按钮，在下拉列表中选择已定义的某个自定义放映的名称，单击"确定"按钮。在放映该演示文稿时，用户只会看到"自定义放映 1"中添加的某些幻灯片。

在"设置放映方式"对话框中的放映幻灯片组中，勾选"全部"单选按钮，可取消自定义放映。

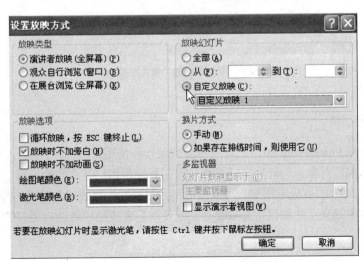

图 9-17 "设置放映方式"对话框

9.4.2 排练计时

用排练计时设置幻灯片时，可以把每张幻灯片所用的播放时间记录下来，在放映时实现自动放映的效果。

设置"排练计时"的方法是：单击"幻灯片放映"选项卡的"设置"组中的"排练计时"按钮，开始放映幻灯片，并在幻灯片的左上角出现如图 9-18 所示的"录制"工具栏，显示当前幻灯片的放映时间和总放映时间。

图 9-18 "录制"工具栏

放映结束时弹出如图 9-19 所示的对话框，询问用户是否保留新的幻灯片排练时间，单击"是"按钮保留新的排练计时。

图 9-19 询问"是否保留幻灯片排练时间"对话框

取消"排练计时"的方法有以下几种。

（1）单击"幻灯片放映"选项卡的"设置"组中的"设置幻灯片放映"按钮，弹出如图 9-17 所示的"设置放映方式"对话框，在"换片方式"组勾选"手动"单选按钮。

（2）单击某张幻灯片，在"切换"选项卡的"计时"组的"换片方式"命令组中取消勾选"设置自动换片时间"，如图 9-20 所示。

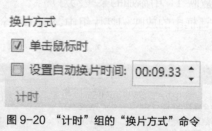

图 9-20 "计时"组的"换片方式"命令

9.5 小结

本章主要介绍 PowerPoint 2010 幻灯片母版的制作和使用，在幻灯片中插入 SmartArt 图形、图表、音频、视频等对象，幻灯片中链接操作等交互设置和幻灯片放映设置。

PowerPoint 2010 的高级应用知识可以帮助用户更自如、高效地创建具有专业水准的演示文稿，放映过程中的交互性和自定义放映等功能使观看者或使用者拥有更好的用户体验。

参考文献

[1] 徐新爱等编著,《大学计算机基础》,北京：人民邮电出版社，2011.

[2] 教育部考试中心编著,《全国计算机等级考试 1 级教程:计算机基础及 MS Office 应用(2013 年版)》,北京：高等教育出版社，2013.

[3] 教育部考试中心编著,《全国计算机等级考试 2 级教程:MS Office 高级应用（2013 年版)》,北京：高等教育出版社，2013.

参考文献